内在疗愈

用自己的方式取悦自己

"心理咨询师教你提升心理能力"编写组 — 编著

中国纺织出版社有限公司

内 容 提 要

我们要用自己的方式取悦自己,这是一种对自我价值的肯定与珍视。不是依赖外界的赞誉或贬低来定义自己的价值,也不是盲目地迎合他人的喜好来寻求认同,而是深知自己的需求,懂得如何让自己快乐,如何让自己满足。

本书从心理学的角度出发,选用了充满哲理的故事,从多种角度阐述了了解自己的需求,懂得如何让自己快乐、如何让自己满足的重要性。令读者在轻松阅读中学会坚守自我,勇敢追求,让自己的生活充满阳光和希望。

图书在版编目(CIP)数据

内在疗愈.用自己的方式取悦自己/"心理咨询师教你提升心理能力"编写组编著.-- 北京:中国纺织出版社有限公司,2024.5
ISBN 978-7-5229-1590-6

Ⅰ.①内… Ⅱ.①心… Ⅲ.①心理学—通俗读物 Ⅳ.①B84-49

中国国家版本馆CIP数据核字(2024)第066791号

责任编辑:林 启　　责任校对:王蕙莹　　责任印制:储志伟

中国纺织出版社有限公司出版发行
地址:北京市朝阳区百子湾东里A407号楼　邮政编码:100124
销售电话:010—67004322　传真:010—87155801
http://www.c-textilep.com
中国纺织出版社天猫旗舰店
官方微博http://www.weibo.com/2119887771
天津千鹤文化传播有限公司印刷　各地新华书店经销
2024年5月第1版第1次印刷
开本:880×1230　1/32　印张:6
字数:100千字　定价:49.80元

凡购本书,如有缺页、倒页、脱页,由本社图书营销中心调换

前言

人生的目的是什么？太多的人在因为各种各样的原因为别人而活：为了家人而负重前行，为了得到别人的认可与尊重而改变自己，为了让自己受万众瞩目而不遗余力地拼搏进取，为了让自己获得更多的金钱名利等身外之物而不舍得休息……这样的人生即使真的获得了世人眼中的成功，又有什么意义呢？归根结底，如果我们没有取悦自己，就不能算是真正的成功。

在这个喧嚣的时代里，人们很容易为了取悦别人而活，那些能够坚守住本心，不因时代的嘈杂和忙乱而迷失自己的人少之又少。那些懂得取悦自己的人，他们有笃定的梦想和志向，也会全力以赴做好自己该做的事情。他们在脚踏实地、点点滴滴的积累之中，让自己由量变引起质变，最终取得华丽的蜕变。生命是宝贵的，人生从来没有回头路可走，如果把自己的人生活成别人期待的样子，无疑就是浪费生命。所以，忠于自己的内心，为自己活一次吧。

活成自己喜欢的样子，用自己的方式取悦自己，看起来是多么简单的一句话，然而，想要做到却很难。行走于尘世，我们早已习惯了从别人身上找自己，而把真正的自己遗忘在角落了。我们忽略了问自己：我到底想要什么？到底怎样才会发自内心地快乐和幸福？也许我们都应该停下脚步，好好对人生进行一番思考。

随着年龄的增长，我们经历的东西越来越多，我们也会越来越孤单。因为我们慢慢地知道，有些人值得我们花时间去交往，而有些人只是生命中的过客。就像曾经流行的一句话：我只是变得只对一部分人温柔，剩下的看心情。越长大越独立，越独立便越会懂得：人生交往的目的早已从排遣孤单变成了让自己开心和舒服。很多时候，我们越来越喜欢独来独往，只是因为世界太大，人太多，交往久了，我们或多或少会感到一些疲累。毕竟每个人的人生都是不一样的，我们前进的步调也是不一样的。我们不必硬着头皮去交际，而是选择让自己的舒服的方式，取悦自己。

一个人如果不能让自己开心和高兴，如何能够搞定这个纷繁复杂的世界呢？活着，就要让自己高兴，也要最大限度治愈自己，让人生绽放出独特的光彩。让我们从取悦自己开始，拨开天空的乌云，寻求岁月的静好。让我们把注意力放在改变自我上，按照自己的意愿，过一个不后悔的人生。

编著者

2024年1月

目录

第01章 与其期待未来，不如活好当下每一天　001

生命中没有真正的"如果"　003

友谊，让生命绽放花朵　006

放下过去，珍惜现在，展望未来　009

想到就马上去做　013

第02章 不必勉强自己，果断拒绝令你为难的人和事　017

为你的拒绝找到合适的理由　019

没有人可以阻止你选择拒绝　023

对自己不喜欢的人和不想做的事说"不"　027

学点拒绝的技巧，别让自己为难　030

一直做好人很累，不如做自己　033

第03章 无须仰视他人，你就是最好的自己　037

别人再好也无须仰视　039

学着接受真实的自己　042

自信是成功的初始资本　044

001

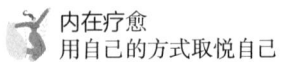

你演好自己的人生大戏了吗　047

每个人都是独一无二的　049

熬过暂时的不如意，遇见笑着生活的自己　051

没有过不去的苦难　053

年轻就不要怕吃苦　057

把一切不如意"熬"过去　059

不要一直沉浸在痛苦当中　062

学会平衡自己的内心　065

人生的高度，取决于你的眼界和自我定位　071

有怎样的眼界，就能达到怎样的人生高度　073

眼界开阔的人能更好地抓住机会　077

只有自己才能打败自己　080

人绝不可一无是处　084

找准自己的位置，才能拥有想要的人生　087

享受独处时光，在孤独中发现真正的自己　091

学会与孤独为伴　093

沉默的你，内心强大　095

寂寞是心灵成长的催化剂　098

目录

静下心来，你才能看到真正的自己　101
在独处时倾听自己真实的内心　103

做自己喜欢的事，让这一生不虚度　107

从现在开始为幸福而奋斗　109
抓得住机遇，才能把握好人生　112
乐于付出，不求回报　116
你了解真正的自己吗　119
人生并不能只追求结果　123

始终坚持自我，真实地面对自己的生活　127

正视短板，发掘优势　129
丑小鸭也能变成白天鹅　131
不完美的自己也很好　133
常常给人生做减法　136
走到哪里，都不要忘了梦想　140

内心平和的你，值得被这个世界温柔以待　145

原谅别人也是放过自己　147
只有你知道自己适合怎样的生活　152
善良的人永远不会被辜负　156

你可能并不知道你的生活有多好 159

人生本就艰难，何必再彼此为难 163

你有怎样的梦想，就要追求怎样的生活 167

先确定好方向，才能实现梦想 169

没有雄心的人很难取得成功 173

你要有为了梦想不顾一切的决心 176

现在的你有多努力，未来的你就有多自豪 179

参考文献 181

第01章

与其期待未来，不如活好当下每一天

第01章 与其期待未来，不如活好当下每一天

生命中没有真正的"如果"

面对人生的很多不如意，我们总是把"如果"挂在嘴边。"如果今天没有迟到……""如果我从未伤害过你……""如果一切可以重来……""如果时间可以倒流……"这些如果，帮助我们在内心逃避无法令人满意的现实，把希望都寄托在永远不可能重新来过的昨日。要知道，人生是现场直播，不是彩排，更没有重新来过的机会。因此，对于人生而言，"如果"永远不存在。与其在遗憾面前不停地说着"如果"，不如把宝贵的时间用来直面现实。只有深刻理解人生不可能重来的道理，才能彻底消除我们心中不切实际的幻想，才能让我们以更加审慎的态度对待人生，不轻易浪费命运赐予我们的每一次宝贵机会。

生活永远在当下，只有不寄希望于时光倒流，我们才能珍惜当下的每一分每一秒，把每一个今天都当作生命中的最后一天，无怨无悔地度过。这样一来，我们的人生也必然更加充实，不会因为漫不经心的错误导致人生的缺憾，也不会因为无

003

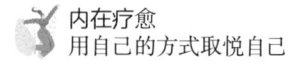

望的寄托使人生在永远的等待中颓废。

中考那天，李楠因为一场意外的车祸，不但错过了考试，还失去了双腿。从此之后，他总是不停地想象着："如果没有那场车祸……"直到车祸过去一年，李楠依然没有从阴影中走出来，还在幻想着，如果时光倒流，没有发生那场车祸，生命该是多么美好。看着儿子颓废沮丧的模样，妈妈从心疼变为着急，到最后，她终于忍不住和李楠大声说："这个世界上没有'如果'，没有'如果'！"看到妈妈歇斯底里的模样，李楠的心剧烈地疼了起来。妈妈泪流满面，告诉李楠："人生不可能重来，你永远都不会再有血肉之躯的双腿，但是你可以为自己找到更强大的'双腿'。只要你不颓废不沮丧，加倍努力，勇敢面对人生，你甚至能得到翅膀，展翅翱翔呢！"听了妈妈的话，李楠含着泪笑了。

从此以后，李楠彻底接受了自己失去双腿的事实，他不再自怨自艾，不再怨天尤人，更不再说"如果"。经过半年多积极的康复训练，李楠安上了假肢，回到了校园开始学习。他比大多数同学都更努力，最终以优异的成绩考上了大学，也为自己的人生开辟了成功的道路。

面对人生的厄运，很多人都会产生逃避心理，不停地假想"如果"灾难没有发生，会怎么样。然而，事情一旦发生，可以弥补、挽救，却绝对无法重新来过。不管我们怎么懊恼沮

第01章 与其期待未来，不如活好当下每一天

丧，命运都是无情的。要想改变命运，唯有勇敢面对灾难，扼住命运的咽喉，我们才能主动、积极地掌控人生。

逃避不可能彻底解决问题，反而会因为自我麻痹导致我们的意志更加懈怠。在灾难突如其来时，我们都应该坚决拒绝"如果"，哪怕是强迫自己接受现实，也能帮助我们尽快从毫无益处的想象中摆脱出来，更加积极地面对问题和解决问题。记住，人生没有彩排，生命不可能重来，只有过好当下的每一天，我们才能拥有充实精彩的人生。

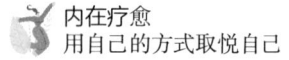
内在疗愈
用自己的方式取悦自己

友谊，让生命绽放花朵

有人说，生命就像一次旅行，在这段旅行中，我们会遇到艰难险阻，会遇到暴风骤雨，会遇到阳光灿烂，会邂逅美丽风景。但无论如何，只要我们与自己的心灵始终在一起，就会以全身心拥抱生命，即使饱经风霜，依然对生命充满热情，感悟生命中的点点滴滴，更能感受到生命之旅中那些沉重的雨点击打地面时所带来的震撼和激情。太阳落下了还有明天，鲜花落下了还有果实，春天消逝了还有金秋。只要你能航行，帆落了还有桨；只要心中充满希望，月亮落下了，还会升起太阳。

对生活充满热情，我们的旅途就会时时处处富有绿意和生机，我们的生命就会无与伦比。因此，我们应该把每一天都当成生命的第一天。

生命是一个过程，不是一个结果，如果你不会享受过程，就不会有好的结果。生命是一个括号，左边括号是出生，右边括号是死亡，我们要做的事情就是填括号，要争取用精彩的生活、良好的心情把括号填满。

第01章 与其期待未来，不如活好当下每一天

怎么享受生命的过程呢？把注意力放在积极的事情上。生命如同旅游，记忆如同摄像，注意决定选择，选择决定内容。

因此，每天清晨，当我们起床后，都应该给予自己积极的心理暗示。有时候，如果你在内心告诉自己，我是健康的、积极的，那么，你就会健康、积极起来。假装热情，你也就会变得热情起来。照照镜子，给自己一个微笑，永远用你漂亮的面容，温暖而热情地对待你的家人。别忘了，是你主宰着你的家庭生活，你可以让每一天都光辉灿烂，也可以让每一天都阴暗忧郁。

我们的周围，不乏这样的人：他们为了彰显自己超然于物外，宁愿独处，也不交朋友，他们以自我为中心，总是等着别人先关心自己，主动来找自己建立关系。事实上，久而久之，他们便真的失去了朋友，内心世界也真的孤独了。其实，在喧嚣的人世间，我们要想保持内心的宁静，只需静下心来，坚定自己的信念，而不是把自己孤立起来。因此，从现在起，大胆地走出自我限定的世界吧！

1. 交几个知心朋友

"千里难寻是朋友，朋友多了路好走""朋友是成功的阶梯""朋友是人生中宝贵的财富"……这些话都说明了朋友的重要性，也说明了人们对友情的渴望。亲密的朋友之间无话不谈，即使是在很远的地方也能够感觉到彼此的存在，会互相

帮助，共同成长，这样的朋友，是对自己有益无害的。打个比方，当你不小心割伤了手指时，你一定会立刻找创口贴。当你遇到什么不开心的事情的时候，你肯定需要有人在旁边支持你、给你打气。要很好地处理好压力，你必须要有强大的"后备力量"。也就是说，我们只有拥有几个可以掏心掏肺的知己，在需要援助时才会有人挺身而出。

2. 心情不好时最好找能帮助你排遣压力的知己倾诉

如果把你的压力和困扰告诉朋友，可以让你觉得舒服些的话，这也未尝不是个好方法。把你的困扰说出来，也许你会觉得舒服很多。你可以找一些可以信任的朋友，一起出去喝杯咖啡，把你的困扰告诉他们。

事实上，日常生活中充满了交友的机会。例如，在每天上班搭乘的公交车里、在图书馆中、在公园中遛狗时……我们经常可以在合适的时刻与人交谈。若有机会，双方就可以进一步成为朋友。即使没有机会，一个微笑、一句问候的话，也可以带给自己和别人一些温暖，让这世界变得美好些。

总之，无论我们经历过什么，从今天起，都要做个简单的人，踏实务实，不沉溺幻想，不庸人自扰，要快乐，要开朗，要坚韧，要温暖，永远对生活充满希望，微笑面对困境与磨难。

第01章 与其期待未来，不如活好当下每一天

放下过去，珍惜现在，展望未来

生活中，人们常说"好汉不提当年勇"，其实这句话就是让人们不要一味沉浸在过去的光环中，导致错失了美好的今天。的确如此，过去的不管是好的还是坏的，都会在时间的沉淀中变为历史。我们唯有尽力往前看，才能在人生的道路上不断创造辉煌、勇攀高峰。

同样的道理，我们既不能一味盯着过去，也不能总是为了未来杞人忧天。真正的明智者，总是清楚地知道人生就是活在当下。只有过好每一个今天，我们才能拥有无憾的过去，才能拥有绚烂的未来。否则，一个人如果因为沉湎于过去而忘记了今天应该付出努力，或者因为无限憧憬未来导致不停地错过当下，那么结果必然是竹篮打水一场空。因为错过当下，导致既没有辉煌的过去，也没有美好的未来，这样的结果岂不是让人心生遗憾？

通常情况下，一个人暂时取得成功的确会引人注目，甚至是众人的羡慕。然而时间是一剂神奇的药，不但能够帮助人们

抚平创伤，也会令人们的辉煌渐渐淡去，使人最终重新落回现实生活。也许，我们因为过往的荣耀而对现在的生活极其不满意，或因为曾经的优秀而自以为一定能够继续优秀下去。殊不知，人生需要的是轻装上阵，当我们背负了沉重的负担在人生路上执着前行，就会被那些曾经不如我们的人远远赶超。"人生如同逆水行舟，不进则退。"我们必须时刻保持警醒和上进的状态，才能跟得上时代的潮流，才不会因为沉迷于过去而错失良机。

作为一名计算机博士，林峰刚刚开始找工作的时候心气很高，以为自己凭着学历和能力一定能找到理想的工作。然而，他足足奔波了半个月，也没有任何收获。在存款快花光了的情况下，他被逼无奈，只好来到一家职业介绍所填写了资料。他没有写上自己的高学历，也没有出示任何学历学位的证件，只是以一个最普通的身份进行了登记。

原本林峰只是想试试而已，却没想到第二天就接到了职业介绍所的通知，让他去一家公司进行面试。到了这家公司之后，林峰才发现该公司是想招聘最初级的程序员，尽管这对于他这个博士而言是大材小用，但是他丝毫没有不满，而是坦然接受了这份工作，而且在工作中勤奋刻苦、认真卖力。有一次，一个编好的程序因为有漏洞，被客户退了回来。老板很着急，因为客户限定他们必须在一天之内解决问题，否则不会支

第01章 与其期待未来，不如活好当下每一天

付任何费用。看着老板急得如同热锅上的蚂蚁，林峰说："老板，让我试试吧！"老板半信半疑地看着林峰，因为一时之间也想不出更好的解决办法，就同意了。正所谓行家一出手，就知有没有。林峰轻而易举地就解决了漏洞，老板不由得对他刮目相看。这时，林峰拿出自己的学士学位证书，老板马上提拔了他。

在随后的工作中，林峰深得老板器重，他的很多建议也都被老板采纳了。老板欣喜地说："林峰，你可不像那些眼高手低的大学生，你堪称专家。"这时，林峰又拿出硕士学位证，老板简直觉得自己挖掘到了宝贝，喜不自禁，当即再次提拔了林峰，让其担任技术总监。大概半年之后，林峰已经成了公司里的专家顾问，不管有什么问题，他都能很好地解决。后来，在老板的再三追问下，他才承认自己是计算机博士，老板当即宣布提拔林峰为公司副总。

事例中的林峰拿着博士学位证书很难找到工作，最终却在这家公司实现了三连跳，直接升到了副总的位置，这一切都得益于他从未因为以前的成绩而感到骄傲，而是能够放低姿态，努力地从基层工作做起，一切都从头开始。

就像建立新世界必须先打破旧世界一样，一个人要想取得新的成就，必须首先打破曾经的自我，尤其是不能因为那些"当年勇"的经历而无法正确认识自己，总觉得自己高高在

011

上，是个难得的人才。真正的强者从来不会自我标榜，他们很清楚事情是做出来的，而不是吹嘘出来的，只有把事情真正做到实处、落实到实处，才能真正展示出自己的实力，从而做到最大限度地发挥自身的能力，创造辉煌的人生。

　　当我们得到荣誉时，也就同时得到了鲜花和掌声。人们总说失败是成功之母，其实，成功更应该是成功之母，一次成功能孕育出更伟大的成功。倘若我们在成功中总是自我沉醉，那么就会失去再接再厉的动力。在追求成功的道路上，一时的荣耀并不能代表什么，我们唯有更加积极主动地奋进，才能将荣誉作为人生的推进器，实现人生的持续进步，获得更大的成就。任何人只有坦然面对荣誉，该放下的时候放下，该忘记的时候忘记，该争取的时候不遗余力地争取，才能让荣誉成为人生的助燃剂，帮助自己实现人生的灿烂辉煌。

第01章 与其期待未来,不如活好当下每一天

想到就马上去做

在生活中,我们最常听到的一个词语,就是"等到"。人们总是说,"等到我有钱""等到我有时间""等到我不再这么忙"……在这些"等到"之中,时间渐渐流逝,人从青春到暮年,时光不再。人生哪里经得起那么多"等到"呢?人生如白驹过隙,同时充满了未知。与其"等到"什么时候,不如现在就开始行动起来。每个人都应该活在现在,而不是活在虚幻的明天。人生不管是长还是短,都是由无数个"今天"组成的。不管我们是成功也好,失败也好,都只能发生在今天。

拥有活在当下的心态,我们才能尽快走出昨天的阴影,摆脱对未来的幻想,脚踏实地地为了今天的荣耀和收获而努力。活在当下,是一种心态,更是一种心境。活在当下的人,更能看淡人生之中的得失与宠辱,更关注自己的人生过程,而不是仅计较结果。曾经有人说过,人生是一趟没有回程的旅行。的确,这个世界上没有卖后悔药的。每个人都不知道自己人生的终点在哪里,世事无常。既然如此,我们就应该更加豁达,更

加宽容，更加感谢活着的每一天。和生命相比，那些得到和失去根本不值一提。重要的是，人生短暂，你现在还能好好体验这美好的世界。

为了逃避现实的痛苦，很多人选择活在想象的世界里。然而，不管脚下的路多么难走，我们都不能停下前进的脚步。人生，就像是逆水行舟，不进则退。退，永远也无法回到过去，只能让你人生的高度骤然降低。只有鼓起勇气，勇敢地接纳和拥抱现实，我们才能活在当下，享受当下生命的赐予。

很久很久以前，有一种特别美丽的小鸟，叫作寒号鸟，生活在人迹罕至的深山老林里。这种小鸟非常漂亮，它的羽毛色彩绚丽，就像天边的彩虹。它的嘴巴红艳艳的，即使是世界上顶级的唇彩，也没有这样纯粹的红色。小鸟知道自己的美丽，总是非常高傲。每天白天，它都在池塘边玩耍，对着平滑如镜的水面照出自己的影子。它总是喃喃自语："我多么美丽啊，我是整片森林里最美丽的鸟儿。"有的时候，它还会故意在其他动物面前走来走去，展现自己的美丽。在它的心里，即使是传说中最美丽的凤凰，也远远不及它。

时光飞逝，很快，炎热的夏天即将过去，飒爽的秋天马上就要到来。这时，森林里的很多鸟儿都开始为过冬做准备。它们集合起来，排成声势浩荡的队伍，一起飞往四季如春的南方。还有些动物忙着搜集食物，给巢穴寻找枯草。只有寒号鸟,依然整日玩耍,顾影自怜。每到夜晚,温度骤然降低,它就只能躲进杂乱的草丛中睡觉。在没有任何食物储备的情况下,它得过且过地度过了短暂的秋天,迎来了寒风肆虐的隆冬。

动物们躲在温暖的巢穴中睡了一觉,醒来就惊讶地发现树叶全都掉光了。鸟儿们躲在暖乎乎的巢穴中,吃着之前辛苦搜集的食物,再也不愿意飞出来挨冻。可怜的寒号鸟呢?冬天到了,它孤苦伶仃地在寒风中瑟瑟发抖。每当夜幕降临,它都会哀嚎:"冷啊,冷啊,明天就筑巢。"然而,当它在阳光的照射中醒来,马上就会忘记前一天夜里的寒冷,若无其事地喊道:"我真美啊,我真美啊!"就这样,在日复一日的哀嚎中,它最终被冻死了。

可怜的寒号鸟,因为没有未雨绸缪,最终被寒风夺去了生命。寒号鸟不但可怜,还很可气。如果它能够在寒冬到来之前筑好巢穴、准备食物,那么它也许能够安然过冬,迎接来年春天的到来。我们在对寒号鸟恨铁不成钢的同时,其实自己也有可能在犯着同样的错误,却毫不自知。

年轻的人们,请问问自己,你是否也常常说着"等到",你又有多少个"等到"在若干年之后还未实现?当我们忙于工作的时候,孩子已经悄然长大,他缺少父母陪伴的童年一去不返;当我们忙于应酬的时候,家中望眼欲穿的父母已经满头白发,"子欲养而亲不待"的痛苦悄然来临;当我们奔波在出差的路上时,曾经渴望带着最爱的人一起畅游天涯的梦想,已经苍白褪色……人生太短暂了,有了梦想一定要开始为之努力,不然,就会给人生留下无数的遗憾。

第02章

不必勉强自己,果断拒绝令你为难的人和事

第02章　不必勉强自己，果断拒绝令你为难的人和事

为你的拒绝找到合适的理由

在别人寻求帮助的时候，热心肠的我们总会在力所能及的范围内给予帮助。但是，每个人总会有能力达不到的地方，面对别人的求助，我们在很多情况下都无能为力。在这个时候，我们就要耐心地向求助者详细解释，让对方明白我们并不是不愿意帮忙，而实在是因为心有余而力不足。当对方了解我们拒绝的原因之后，就不会产生误解，而往往会被我们的诚意所感动。这样，才能留有继续交往的余地，双方的友谊才可能继续维持下去。如果在拒绝别人的时候只是简单地说"不行""不可以"之类的话，恐怕会让求助者觉得你不近人情，如果对方是一个急性子的人，说不定还会与你日渐疏远。

李正大学毕业后留在了城里，经过十几年的打拼终于有了自己的房子，于是他就把父母接到城里。一个农村孩子能够在城里买一套房子，在乡下的邻居们看来就是成功人士的典型。很多乡下的朋友进城的时候经常托李正帮忙，在力所能及的范围内，李正总是尽心尽力地去帮助他们。

有一天，有两个来城里打工的老乡来到了他的家里，诉说起打工的艰难。在谈话中，两位老乡一再说城里的旅馆太贵，想租房子，一时半会儿又找不到合适的，言外之意是想在李正的家里住上一段时间。

李正听完之后马上说："是啊，城里毕竟和咱们老家不一样。就拿我来说吧，拼死拼活十几年才有了这么两间小房子，一家老小挤在一起实在是太拥挤了！我的儿子正在上高三，晚上回来只能睡沙发，连复习功课的地方都没有。你们大老远从老家赶来，按理说应该留你们住几天的，但是就这么大的地方，实在是做不到呀！"两位老乡听后，明白了李正的难处，就非常知趣地告辞了。

对于老乡借宿的要求，李正明确但委婉地表示了拒绝，向他们讲出了自己的困境，表示自己并不是不愿意帮助他们，而实在是家里空间有限，没有办法让他们住下来。两位老乡听完之后，就理解了他的难处，也就不好意思再提出留宿的要求了。

当然，即便理由充分，拒绝也是要讲究艺术的。告诉对方你拒绝的理由时，不能用不耐烦的态度或者是找借口的方式去推托或者敷衍，否则，会让对方觉得你为人不够真诚热心；当然也不能用模棱两可的话来回答别人，如说些"我想想办法""试试看吧"之类的话，那样很可能会让别人觉得你已经答应下来了。

在提出拒绝的理由时，我们要注意以下几点：

1. 明确及时地讲出你的理由

拒绝他人的帮助并不是什么见不得人的事情，实在无法答应别人的要求的时候，一定要用比较明确的语气告诉对方："实在对不起，在这件事情上我实在是帮不了您的忙，您还是想一下别的办法吧。"一般来说，当别人了解到你的困难之后，就不会再做无用功了。这样，既为对方寻找其他的方法提供了时间，同时也不会给自己带来烦恼。

如果拒绝对方的时候含糊其辞，对方就无法明白你的真实意思，仍会对你抱有希望，把你当成救命的稻草，乃至在以后的时间里继续向你求助，搞得你左右为难。这样做，既耽误了别人的时间，也会给自己带来麻烦。

2. 委婉地讲出理由，明确地表示拒绝

明确及时地讲出理由拒绝对方，并不是说要用严肃刻板的话来对待别人，如果用一些颇具杀伤力的语言来拒绝对方，很容易激怒别人。一般情况下，一个人在向人求助的时候，他的心里总是很敏感的，能够从比较委婉的话里听出拒绝的意思，听完你的理由，他就会很识趣地离开，不再来打扰你。在我们委婉地说出个人的理由时，一定要注意，委婉并不是模糊，千万不能给对方留下一丝希望。只有这样，才不会给双方造成

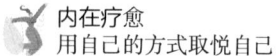

伤害。

3.态度一定要真诚

在拒绝别人的求助时,一定要注意态度的真诚。当你向对方陈述个人理由的时候,若失去了真诚的态度,就会让对方觉得你对他是不屑一顾的,所有的理由不过是借口罢了。只有坦诚相告,才会让对方将心比心,设身处地地去考虑你的为难之处。

第02章　不必勉强自己，果断拒绝令你为难的人和事

没有人可以阻止你选择拒绝

你有时是否渴望说"不"呢？在生活中，许多人习惯于同意对方的任何要求，宁愿竭尽全力做事，也不愿意拒绝，即便自己没时间，也要努力应承下来。事实上，对应该拒绝的事要敢于说"不"，学会拒绝一样可以赢得身边的人对自己的尊重。在大多数人的心里，拒绝表示漠不关心，甚至自私，而拒绝的一方也担心自己令对方沮丧，担心被讨厌、批评，担心会损害友情。其实，拒绝的能力与自信紧密联系，通常缺乏自信和自尊的人经常为拒绝别人而感到不安，而且觉得别人的需求比自己的更重要。

你常对亲戚说"以后常来玩"，但当亲戚提出"我打算带着孩子和宠物在你家里住三个星期"的时候，你是否会感到很为难呢？你可以坦然地跟他说"我很愿意招待你们儿天，但住三个星期实在太长"吗？毫无疑问，许多人面对这样的情况都害怕说"不"，当自己不想答应别人求自己的事情时，却又不能毫无愧疚地拒绝人家。

雯雯在一家公司担任客服人员，她的工作主要是负责跟客户沟通问题并及时解决。雯雯刚刚大学毕业，对沟通方面的知识似懂非懂，有时还需要向领导请教。在这样的情况下，雯雯觉得要利用下班时间来给自己充电，这样工作才会顺顺利利。

于是，在接下来的一段时间里，别的同事都下班了，雯雯还坐在办公室里工作。经过几个星期的学习，雯雯进步了，跟客户的关系也熟了，沟通技巧也提高了很多。几个月之后，雯雯对工作熟能生巧，游刃有余。她觉得自己的工作已经走上正轨了，理应休息一下，抽出时间去做自己的事情。但是，领导还是会将一些文字工作交给她，而这本来应该是文员的工作。

雯雯认为，既然答应了领导，自己就一定要做好。在接到额外的工作以后，她又继续拼命起来。尽管有时忙不过来，有时不能够及时与客户沟通，甚至有时竟然会忘记自己下一步的工作，雯雯却并没有放弃这份工作的念头。只要领导有要求，她就会继续坚持下去。

直到有一天，雯雯感到自己现在的工作过于繁重，再加上自己精神负担过重，身体也受不住，最后因太劳累而晕倒在自己的岗位上。在医院，领导也来探望她，并询问她一些其他的事情。无奈之下，雯雯只好对领导实话实说，领导也明白了自己在工作安排上不太妥当。

身体恢复好之后，雯雯回到了工作岗位。这时领导已经将之前额外分配给她的工作安排给其他人,并交代她将之前的工作做好就行了。这时雯雯不像前段时间那样拼命了,终于可以按照自己的节奏工作。而她对自己的工作非常熟悉,做起来应对自如、轻松自在,常常露出快乐的笑容。

当然,乐于助人、勤奋这样的品质是很重要的。特别是主动和心甘情愿地帮助别人,会使自己更受欢迎。不过,假如自己是被某种心理压力所迫,才将所有要求、请求都点头应承下来,那其实是出于另外一种性质的心理动机,如需要得到别人的认可或夸赞,担心给对方带来不快和麻烦,希望别人对自己感恩,希望有所回报等。

在生活中,要让自己赢得尊重,就应该学会在需要拒绝时,毫不犹豫地拒绝。以下几条建议供你参考。

1. 不要承担本应属于他人的责任

身边的人因为事情太多而找我们帮忙,对此,我们偶尔帮助一次是可以的,这是正常的,也可以体现自己的乐于助人。但是,如果是对方答应了其他人的请求来做这件事情,那么本质上这是对方的事情,对方理应承担某种责任,努力践行承诺。如果对方每次都来找我们帮忙,希望我们能为他分担责任,就会令其养成每件事都需要别人帮忙的习惯。

2. 你没有义务为他人说谎

在生活中,我们永远不要认为自己有义务为他人说谎。例如，孩子想出去玩，他请求你给老师写一张请假的字条。对方的这些要求有违我们内心一直坚持的信念，因此，我们不要违心地去做这些事情，而应敢于拒绝。

3. 仔细考虑对方的要求是否合理

在生活中，当对方提出要求后，我们应该首先考虑这个要求是否合理，是否欠考虑或者不合适。例如，一个朋友希望你开车送他去很远的火车站，以便自己赶上夜里那趟火车。仔细想想这个要求，对方不一定非要自己送，他完全可以选择其他交通工具，这时，我们就可以拒绝。反之，假如朋友是出于紧急情况，如父母生病了，需要马上赶到医院，那我们应该主动提出送对方到医院。

第02章　不必勉强自己，果断拒绝令你为难的人和事

对自己不喜欢的人和不想做的事说"不"

有人说："不懂拒绝，委屈自己；适当拒绝，心情愉悦。"所以，我们要学会拒绝他人，这样才能减少生活中的麻烦。一个不懂拒绝的人，他总会成为人群中的老好人，所收到的都是别人派发的"好人卡"。而所谓的老好人，在他们身上会呈现出这样一些特点：不在乎自己，总是很在意对方的要求，甚至将满足他人的要求作为人生首要大事。他们常常在帮助别人时牺牲了自己的时间与金钱，尽管他们为此感到懊恼和难过，但一旦有人请求自己，他们又乐此不疲地赶去帮忙了。他们不懂得拒绝，因此或不停地陷入烦躁之中，或只能麻痹自己。有时，他们也会想：难道我一辈子都要这样痛苦地生活吗？

为什么无法拒绝别人？一些人是为了内心过高的自尊。尽管这样的人在生活中渴望被人关注，也渴望自己成为人生舞台上的主角，但是，他们往往因为太过在乎自尊而无法拒绝别人，结果无法实现自己的梦想，更无法体现自己的人生价值，

这无疑是遗憾的。最后，他们看到的是沮丧无比的自己，是一个失败的人生。因此，如果你无法拒绝别人，何不重新审视一下自己的人生？战胜内心脆弱无比的自尊，不再与自己对抗，表达出自己真实的想法，学会把"不"说出口，建立强大的自信心，变得开朗、外向起来。

不懂拒绝，会给人生带来哪些麻烦呢？

1. 无原则的礼让将摧毁你的自我界限

每个人都有一定的自我界限，这个心理界限使得人们与别人保持着应有的距离，不过分依赖别人，也不会成为别人的依赖对象。许多人内心太过脆弱，他们会过多地暴露自己的内心世界，希望通过成为别人依赖的对象来建立自己的内心世界。他们渴望被认可，所以当有人提出要求时，他们一定会选择答应。这种无原则的答应，会摧毁自我界限，模糊自己与他人应有的距离。

2. 不懂拒绝，事情会多得做不完

如果不懂拒绝，那事情将多得做不完。当朋友提出"周末陪我去逛街吧"，你答应了下来；当上司说"这个方案必须尽早拿出来，你周末没事，在家里把它赶紧做完吧"，你答应了下来；当同事说"周末公司聚餐，不见不散哦"，你也答应了下来……于是，你上午陪朋友逛街，下午在家里赶方案，晚上与同事聚餐，等回到家才发现自己已经累得虚脱了。不拒绝，自己的体力精力吃不消；拒绝，又害怕自己无法得到别人的肯定。于是，你拼尽全力努力着，却背负着太多的疲惫与痛苦。

3. 不想给对方带来伤害，最终却会牺牲自己

不懂拒绝的人将对方的心理想象得太过脆弱，而把自己标榜得太过于不可或缺，事实上，别人总能坚强起来，而自己总会有脆弱的时候。不懂拒绝的人害怕自己的拒绝会给别人带来伤害，所以他决定牺牲自己，而这样的决定只是源于拒绝别人后自身的不安和内疚，而非内心的真实想法。所以，当别人提出要求的时候，总是不拒绝、不反抗，总担心伤害对方的自尊心，就只能委屈自己、牺牲自己。

学点拒绝的技巧,别让自己为难

人们常常相信"赠人玫瑰,手有余香",于是即使自己不喜欢,也总是勉强自己帮助别人;还有些人,仅仅是拉不下面子来拒绝。其实,拒绝他人是我们的正当权利,不必为此感到抱歉和不好意思。拒绝人是一件容易伤害感情的事情,想要把伤害的程度降到最低,就需要讲求技巧。不想勉强自己。不想过度伤害对方,就要学会有分寸地给自己和对方都留一个台阶,委婉的拒绝同样可以让人感到顺耳顺心。

有时候,拒绝别人十分简单,只要你给它加上一层精美的包装,非但不会伤害到别人,反而会赢得别人的尊重。"不"这个字好写,音节也简单,而拿到人与人之间,却很不容易说出口。许多人或因为感情因素,或因为个性关系,或因为情势所迫,无法把"不"说出来,结果吃了大亏。

尽可能委婉、诚恳地说明自己拒绝的原因,让对方有台阶下,不至于最后伤了和气。迂回一点说也可以,而不要直接就开口拒绝。对方只要不是傻瓜,一定会听懂你的弦外之音。要学会拒绝，可以先从小事情学起，时间长了，就可以把握分寸，不会在拒绝时激动得脸红脖子粗，让人一见就知道你的拒绝不坚定。

想要把拒绝的话也说得顺耳，就必须遵循以下原则：

1. 拒绝之前认真倾听

拒绝别人毕竟是一件伤感情的事情，因此在拒绝之前一定要认真倾听对方的诉求，因为你拒绝的不是对方这个人，而是他所求的事情。最好不要在对方开口之前对对方存在成见，否则你的表情会出卖你。即使存在成见，也不要让对方有所觉察。最好的方式就是注意倾听对方的话，让对方把自己的需要和处境讲得更清楚一些，这是对对方的尊重，不但能避免让对方有被伤害的感觉，还能避免让对方以为你在敷衍他。

2. 平静、庄重地说"不"

当你仔细倾听了对方的要求，并认为自己应该拒绝的时候，应尽量以一种平静而庄重的态度表明你的拒绝，对于客气而温和的拒绝，人们一般是不会怨恨的。态度要温和，但也一定要坚决，最好不要用"我再想想看""我看到时行不行"之类的语言来拖延。如果你真的需要慎重考虑一下，可以这样说；但如果你已经决定了拒绝对方，就不要让对方抱有过多的希望，以借口脱身只能让对方更埋怨你。明确告诉对方"这是不可以的""我不能答应"，方式尽可能婉转，但不要让人心存侥幸。

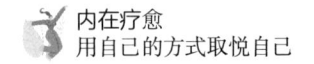

3. 不要说"抱歉"

拒绝对方是你的正当权利，因此，拒绝并非意味着亏欠了对方。另外，如果你觉得没有必要，也不必每次都解释理由，牵强理由在对方眼里可能会变成借口，过多解释还可能让对方认为你心虚。

4. 提出弥补建议

如果你确实想帮对方分担一些困扰，而又不能直接答应对方的要求，那么，你可以提出一个可替代对方方案的建议。例如，同事想要你帮他把一份文件做完，因为他要出去买午餐，如果你不方便直接拒绝，就可以用代替的方法："我很愿意帮你的忙，我可以顺便帮你带一份饭，你觉得呢？想要吃什么？"如此，对方一定会明白——你不想在工作上帮他，但可以帮他节省买饭的时间，这样一来，他也许会接受你的建议。

5. 事后关心

不要以为拒绝了某件事就可以松口气，在事后给与对方一些关心或建议，往往能够缓和拒绝带来的伤害。让对方意识到你是关心他的，你的拒绝是有苦衷的，这样可以减少拒绝造成的尴尬和影响。另外，适时的关心也可以避免对方陷入孤立无援的境地。

第02章 不必勉强自己,果断拒绝令你为难的人和事

一直做好人很累,不如做自己

"老好人"是人们对一类人的称呼,这类人对别人总是有求必应,哪怕自己会因此感到痛苦,他们也不会拒绝。对此,美国心理学家莱斯·巴巴内尔认为,为人友善是应该的,不过在能力不足或自己繁忙时,懂得拒绝也是必要的。在他看来,那些不懂拒绝、表面上看似乐于助人的老好人,其实内心隐藏着很多的问题。巴巴内尔在其著作《揭开友善的面具》中写道:这类人的病理状态名为"看管人性格紊乱"或"友善病"。他们之所以表现得乐于助人,很可能是因为存在着一些人格问题,如自卑心理或孤独心理;他们在童年时期可能存在心理阴影,如父母严格的教育,使得他们从小形成了听话、乖顺的性格。

不好意思拒绝的人,往往是为了获得对方的肯定,以及取悦别人。然而,这样的心态并不健康,在这类人的认知里,一旦拒绝了对方,就会让对方不高兴,他们自身也会产生沮丧、自责或愧疚等消极情绪,然后就陷入这样的情绪中无法自拔。

这样的人要学会控制自己的思维，毕竟，总想取悦他人的心态是不对的。思想会促使自己为取悦于人的习惯找理由，从而让这些习惯根深蒂固，如养成付出、不懂拒绝的习惯。

在美国，有一个叫"好人综合征"的说法，所谓的"好人"，是指那些对别人永远亲切友善、十分好说话、有求必应、想方设法帮助别人、从来不考虑自己，并以此为荣的人。对这些所谓的"好人"而言，当"好人"不但是一种习惯或行为方式，更是一种与他人建立特殊人际关系的方法。实际上，其他人接受"好人"的帮助，都有意无意地带着自私的目的，而"好人"却乐在其中，甚至很少觉得这样做有什么问题。

这样的"好人"或者"老好人"，往往有以下问题。

1. "老好人"是一种行为偏差

"老好人"的为人处世，不仅是一种心理偏差，也是一种行为偏差，他们表面上已经赢得了周围人的喜欢，但实际上他们的工作和生活已经出现了危机。通常情况下，他们有可能是平庸的人，平时工作非常努力，但因为总是答应其他人的请求，所以浪费了很多时间和精力，使得他们并没有多少时间来管理自己的事情。他们之所以不拒绝别人，是希望能够获得他人的肯定及赞赏。这样的人通常家庭关系可能有欠缺，童年得不到父母或兄弟姐妹的关爱，这使他们更渴望关系疏远者对自己的肯定，不惜为此付出自己的百倍努力。也有人对家人态度很恶劣，对外人却很好。

2. 缺少健康的界限

"老好人"的为人处世并非其一个人的事，往往会弄得他们身边人也很困扰，甚至给身边人一种跟着受罪的感觉，而"老好人"的亲疏之分还会给家人带来伤害。对此，心理学家指出，一个人要保持健康的心理，有符合情理的正常行为，必须保持健康的心理定式。也就是说，每一位个体的人都生活在某种身体、感情和思想的健康界限之内，这个界限可以帮助他判断和决定谁可以被接纳，以及接纳到什么程度，为谁可以付出什么，以及付出到什么程度。

3. 有时候会带来坏情绪

有时候，"老好人"的思想意识会给人带来负面情绪。例如，朋友需要你帮助，或者要求你周末陪她逛街，如果你做不到，就会感到内疚；而如果是领导需要你在工作时间做一些烦琐的事情，而你做不到时，你可能感觉到的并非内疚，而是因为担心领导不高兴而产生的焦虑。

第03章

无须仰视他人,你就是最好的自己

别人再好也无须仰视

每个人都是自己的高山,我们只需要努力攀登属于自己的顶峰,而无须对别人的成功垂涎。这个世界上绝没有两片完全相同的树叶,同样的道理,这个世界上也绝没有两个完全相同的人,这也就注定了每个人都有自己独特的人生,每个人的成功也与他人截然不同。在这种情况下,不管别人拥有多么大的成就,我们或许可以从他们身上得到启发,或许可以借助他们成功的经验,但是无论如何都不能盲目崇拜他们,更不能把他们成功的模式套用到自己身上。毋庸置疑,我们与他人有着很大的不同,不但自身的脾气秉性、性格爱好不同,就连后天养成的人生观、价值观、世界观等也都完全不同。这就直接决定了我们与他人的人生不可能完全重叠。

很多人都仰慕成功者,甚至恨不得按照成功者的道路再走一遍,似乎这样自己也就能获得成功。殊不知,对于任何人而言,套用他人的模式取得的成功,就像东施效颦一样可笑。与其如此,我们不如尽力摸索,帮助自己得到人生的馈赠。

实际上，成功只是一个相对的概念。对于一个千万富翁而言，也许再赚取几百万对其成功丝毫没有影响；但是对于一个出身贫困的普通人而言，倘若能够依靠自己的努力赚取几百万，不但扭转了家庭的困难，也改变了自己的命运，这就是成功。由此可见，成功恰如幸福，同一件事可能表现在这个人身上不足挂齿，表现在那个人身上就是幸福。需要注意的是，成功的标准并非是我们赚取了多少钱、拥有多高的地位，而是我们到底和自己相比有了怎样的进步和收获、是否真正实现了个人的价值。这才是成功之于每个人的独特定义。所以，朋友们，在追求成功的道路上，永远不要把标准寄托在他人身上。只要符合自身的标准和定义，我们就相当于获得了成功。记住，你才是自己最好的角色。

在班级里，小鹏始终觉得自己活在李运的阴影中。原来，李运是班级里的班长，班级里不管有什么事情都要李运负责；而小鹏呢，尽管是副班长，但是风头远远不如李运。有的时候，只有在李运不在的情况下，同学们才会想起他这个副班长。这次班委会竞选，小鹏一心一意想要成功竞聘班长，不想，最终他还是屈居于李运之下，依然是副班长。为此，小鹏郁郁寡欢，一点儿也不高兴。

妈妈看到小鹏愁眉苦脸的样子，问："宝贝，今天发生了什么不开心的事情吗？"小鹏忧郁地说："不管我怎么努力，我始终都是副班长。"妈妈仿佛猜透了小鹏的心思，笑着说："这是同学们对你的认可啊！"小鹏却丝毫提不起兴致："但是，我很想成为独当一面的正班长，为何我总是比不过李运呢！"妈妈语重心长地说："你根本无须和李运争高下啊！正班长有正班长的职责，副班长也有副班长的义务。任何情况下，你只需要做好自己，而不用仰视别人。也许此时此刻，还有很多其他同学羡慕你每次都能以绝对优势的选票获得副班长的职务呢，对不对？"妈妈一语惊醒梦中人，是啊，为什么要和李运相比呢，只要做好自己，当好副班长就好啊！想到这里，小鹏愁眉舒展，不由得笑了起来。

对于很多同学而言，副班长也是非常重要的职务，正是出于对小鹏的信任，他们才把副班长的选票投给小鹏。小鹏能够接连几次在班干部竞选中都夺得副班长的职务，恰恰说明他作为副班长得到了同学们的认可。在这种情况下，小鹏完全没有必要自寻烦恼，非要和正班长李运争个高下。现实生活中，每个人都有自身的定位，也有自己特定的角色。与其把目光放在他人身上，一味羡慕他人，不如更加努力地扮演好自己的角色，做好自己的本职工作，这才是我们每个人都应该做的。

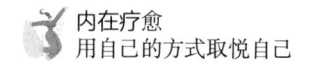

学着接受真实的自己

我们每个人从出生起,就在不断认识世界、接受外在世界赠予我们的一切。我们学会了很多,包括科学文化知识、审美、如何与人相处等,但在这个过程中,我们很少认识自己。实际上,我们总是在逃避认识自己,因为,认识自己,就意味着我们必须要接受自己的每一面,这个过程对于我们来说是痛苦的。但如果我们想实现自己的理想、成为更优秀的自己,就必须要认识自己,就像剥洋葱一样,寻找到最本真的自我。

有人说"成功时认识自己,失败时认识朋友",这句话固然有一定的道理,但归根结底,我们认识的都是自己。无论是成功还是失败,都应坚持辩证的观点,不忽视长处和优点,也要认清短处与不足。同时,自我反省、认清自己还能帮助我们找回自我,只有这样,才能使内心更加坚定。

日常生活中,我们既不可能每时每刻去反省自己,也不可能站在一定的高度以局外人的身份来观察自己,于是,我们只能通过外界信息和他人的眼光来认识自己,因此的思维很容易受到外界信息的暗示，因此常常会迷失自己。

生活中的我们，也应该安静下来问自己，我们到底是在不断提升自己，还是只顾面子，不肯跟自己和解呢？或许有刚正不阿的指导者，曾经指出你身上存在的问题，但可能你根本不愿意承认这点，因为你不愿意让他人看透自己。

所以，一切注重灵魂生活的人对于卢梭的这句话都会有同感："我独处时从来不感到厌烦，闲聊才是我一辈子都忍受不了的事情。"这种对于独处的爱好与一个人的性格完全无关，爱好独处的人同样可能是一个性格活泼、喜欢朋友的人，只是无论他怎么乐于与别人交往，独处始终是他生活中的必需。

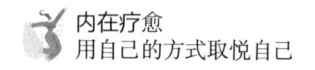

自信是成功的初始资本

时光如逝水，一去不返。在时光滴滴答答的脚步声中，我们的青春也悄悄溜走了。很多人常常感慨自己老了，其实，老并非是以年龄为标志的，而是以心态为标志的。很多八十高龄的老人，也依然说自己很年轻。这一切，都是因为他们的心态非常年轻。心态年轻，对生活就会充满信念、满怀热情。在追求梦想的路上，很多人之所以踟蹰不前，就是因为觉得自己老了，经不起折腾了，也经不住失败的打击。其实，在人生的道路上，三四十岁是正当好的年华。即使五十岁，也依然能够开创自己的天地。

成功的确需要很多条件的综合作用。然而，成功不论早晚，欲成功者，必须要有一颗自信的心。一旦没有自信，人们就无法坚定不移地走自己的路。缺乏自信的人，总是畏缩怯懦、犹豫不定。唯有充满自信，才能果敢坚决地朝着前方风雨兼程。

在每一家肯德基门店的招牌上，都印着标志性的肯德基老爷爷的头像。肯德基老爷爷总是满脸微笑地看着我们，看到顾客盈门，他的心里一定乐开了花。对于热爱美食的人来说，看到别人喜欢吃自己创造的美食，就是对自己最大的肯定，也是自己的最大成功。如今，肯德基几乎家喻户晓，但很多人不知道的是，肯德基爷爷在成功创造肯德基品牌以前，尝试了1009次，也就是说，他经历了1009次失败。当他在1010次获得成功的时候，已经不年轻了。

自幼，肯德基爷爷就失去了父亲，家境贫困。为了养活孩子们，他的母亲不得不四处做工挣钱。肯德基爷爷从小就负责照顾妹妹，还学会了做饭。母亲改嫁之后，继父与他的关系并不融洽，他不得不背起行囊，离开家门。从此之后，他就开始了独立的生活，尝尽生活艰苦。其间，他曾经变得一贫如洗，又在32岁的时候遭遇失业，陷入困厄。后来，他涉足餐饮业，就在好不容易生活稳定的时候，政府征地，把他正常经营的餐馆拆掉了。那一年，他65岁。在常人心目中，65岁破产，几乎是致命的。然而，从未觉得自己老了、更没有失去信心的肯德基爷爷，在66岁的时候，鼓起勇气推销自己的炸鸡技术。此后22年的时间里，他从未放弃。直到88岁高龄，肯德基爷爷才获得成功。他的名字世人皆知，他成功了。

肯德基爷爷的一生，是真正奋斗的一生。即使年过八旬，他也从未放弃梦想。他常常说：人们抱怨天气不好，实际上天气很好，只要你心里艳阳高照。迄今为止，世界范围内的很多人依然在肯德基爷爷微笑的注视下享受炸鸡的美味，这是对他一生之中1 010次尝试的最好回报。

肯德基爷爷之所以能够获得成功，是因为他的一生之中从未放弃努力。支撑他的，是他的信心和信念。在大多数人心目中，65岁的失败几乎注定了一生的失败。然而，肯德基爷爷的成功则在他88岁高龄的时候才姗姗来迟。当然，肯德基爷爷的成功我们望尘莫及。不过，我们可以学习肯德基爷爷的自信，学习肯德基爷爷年轻的心态。莫说努力到88岁，只要我们不轻易说老，我们就能为自己争取更多尝试的机会。

在这个世界上，有才华的人很多，包括我们在内。为什么成功的人很少呢？究其原因，并非我们的创意不够新颖，也不是我们的能力不够，而是我们不敢勇敢地尝试，对自己缺乏信心。只要我们鼓起信心，坚信自己一定能够获得成功，就会像肯德基爷爷一样，即使65岁了，也依然信心百倍地去努力，我们也能获得属于自己的成功。常言道，"少壮不努力，老大徒伤悲"。这句话不但适用于我们的年轻时代，也同样适用于我们的中年时代和老年时代。不管什么时候，只要我们坚持努力，就一定会距离成功更近，甚至最终获得成功。

你演好自己的人生大戏了吗

生活中，人们总是感慨浮生若梦。的确，人生说长也长、说短也短。短得如同白驹过隙，长得让人盼不到头。尤其是在经历大的灾难或者打击之后，人生如戏的感慨会更加深重。在一声声叹息中，我们根本不知道自己应该扮演怎样的角色了。

人生如戏，你演好自己了吗？面对这个问题，也许有人会说，我不需要演好我自己，因为我本身就是我自己。实际上，你的确是你自己，但是你未必知道如何扮演好自己。每个人在生活中都扮演着各种各样的角色，一个人往往有着不同的角色。例如，一个女孩从出生开始，就是女儿，是孙女和外孙女。等到长大了，去了学校，就变成学生。再到长大成人，嫁作他人妇，就成为妻子，成为婆婆的儿媳妇。再到生儿育女，就成为母亲。当然，这还只是在家庭生活中的角色。如果进入职场，她也可能是初入职场的新人，是上司的下属，得到晋升之后，又成为别人的上司。总而言之，她一生的角色都随着光阴的流转在不停地变化。你有充分的把握扮演好自己的每一个

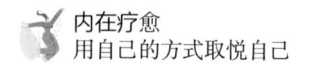

角色吗?

　　每一个不同的角色,都会对我们提出不同的要求。在这种情况下,我们必须及时改变和调整自己的心态,才能更好地扮演好自己的角色。人世百态,其中也有我们的一份力量!

每个人都是独一无二的

这个世界上没有两个完全相同的人，每个人都是独一无二的自己，从这个意义上来说，每个人都应该珍惜自己，而不要为了迎合他人改变自己。

现代社会正处于一个崇尚个性的年代，人才的标准再也不是整齐划一的了。一个特立独行的人也许能够得到贵人的赏识，而一味磨平自己棱角的人，也许反而会泯然众人。这就是独特个性的魅力。当然，我们也并非说与众不同就一定是好的，最重要的是要保持自身的本色和面目，这样才能避免随波逐流，人云亦云。

生活中，很多人都羡慕他人的成功，甚至盲目地模仿他人。殊不知，东施效颦只会贻笑大方，唯有保持自己的本真面目，率性真诚，才会让人们赏识。所以，对于每个人而言，最重要的就是活出最好的自己，即便再怎么模仿别人的优秀，那也终究不是我们自己。除此之外，我们在工作中还经常遇到与同事或者上下级意见相左的情况。记住，当一个毫无原则的好好先生并不能让你如愿以偿吸引他人的注意，当你觉得自己是正确的，即便面对自己的上司，也不妨大胆地表达自己的想法，这样才能申明自己的主张。退一万步说，即使最终事实证明你是错的，你的坚定和果敢也会让上司对你刮目相看。总而言之，不管是在生活中，还是在职场上，我们都要坚信自己的独一无二，也要坚守自己的特色和人生的道路，这样才能活出真我风采。

现代社会很注重"包装"，所以除了脾气秉性、性格爱好可以成为我们的个性和特色，服饰也会成为我们区别于他人的鲜明特征。尤其是对于职场人士而言，服饰成为一种更加显而易见的特征，甚至对我们的职业生涯起到深远的影响。当然，所谓条条大路通罗马，我们做人做事都无须拘泥于一格。对于任何人而言，要想实现自己的目标，让自己成为与众不同的存在，从任何方面着手，都是可以行得通的。

第04章

熬过暂时的不如意，遇见笑着生活的自己

第04章　熬过暂时的不如意，遇见笑着生活的自己

没有过不去的苦难

很多人都喜欢圆润的珍珠，为了购买到最好成色的珍珠而不惜花费重金。珍珠孕育的过程是非常痛苦的，蚌必须用自己柔软的身体日日夜夜忍受沙砾的摩擦，最终才能把沙砾层层包裹，形成珍珠。还有些人喜欢玉器，却未必知道，璞玉看起来就像是一块丑陋的石头，必须经过剖开之后，再经过精心的雕刻，才能成为让人欣赏和喜爱的艺术品，产生最大的价值。面对困难和不幸，倘若人们也能怀着坚忍的精神不断孕育和磨砺，则困难和不幸也必然像珍珠和玉器一样，最终变得圆润，成为我们人生中不可多得的宝贵财富。

人人都希望自己能够成为命运的宠儿，得到幸运的眷顾。对于不幸，人人闻之色变，对其避之唯恐不及。然而无论我们的偏好如何，命运总是公平的，它既给我们带来幸运，也常常让我们的人生伴随着不幸，如此我们才能在人生的磨砺中不断成长和成熟起来。既然不幸也是人生的常态，我们就没有必要因为不幸而郁郁寡欢，更不必感到委屈。看着人生的重重困

难,假如你依然能够傲然站立,并且勇敢地施展雄心抱负,那么你就是人生中真正的英雄。

纵观历史长河,伟大人物无一不经历了人生的不幸和苦难。倘若他们在苦难面前屈服,也彻底地放弃,那么历史的长河中无疑会少了很多璀璨的珍珠。所谓乱世出英雄,也正是这个道理。在国外,贝多芬作为一名音乐家正值事业发展的巅峰时期,却失去了听力;在国内,司马迁被处以酷刑,却最终完成了历史巨著《史记》,为后人留下了宝贵的历史资料……他们都青史留名,被人们所铭记,一则是因为他们的成就和贡献,二则也是因为他们对待厄运绝不屈服的顽强毅力和精神。由此可见,每个人都有机会成为英雄,重要的是对待人生苦难的态度。

作为一个重度残疾的人,马斯特从未放弃对人生的追求和渴望,最终他不但成为科罗拉多州的副州长,还进入了国会。

曾经,马斯特是一个年轻英俊、身强体壮的小伙子。然而,一次骑着摩托车在公路上风驰电掣的时候,他遭遇了车祸,导致全身体表面积至少70%严重烧伤。等到他从鬼门关又回到人世间时,距离发生车祸已经过去了好几天。他刚刚恢复意识,就知道自己伤势严重。当时的他甚至不能呼吸,每一次呼吸都伴随着钻心的疼痛,更别说移动身体上的任何部位了。然而,他不想死,人生多么美好,他还没有享受人生,更没有实现自己的理想呢！为此，他坚定不移地想要活着。正是在如此坚强的意念的支撑下，他熬过了那难以忍受的漫长疼痛。最终，他战胜了苦难，重新站立起来，获得了新生。

然而，命运总是残酷的。正当恢复健康的马斯特满怀希望地准备投入新生活时，他再次遭遇了不幸。因为飞机失事，马斯特腰部以下彻底失去知觉，他瘫痪了，下半生不得不在轮椅上度过。此时此刻，马斯特简直痛不欲生，也觉得委屈万分，为何命运偏偏要一而再、再而三地与我作对呢？然而哭过之后，他很快恢复了平静，他还是坚定不移地想要活着，因为只有活着，一切才有希望。

就这样，重度残疾的马斯特凭借自己顽强不屈的意志，再次活跃在人生的舞台上，并很快跻身于美国最活跃的成功人士之列。最终，他彻底战胜苦难，获得了成功的人生。在一次演讲时，马斯特感慨万千地和听众们分享："如果没有这些苦难和不幸，我不可能像现在这样深刻地感受到人生的喜悦，获得成功的人生。"

马斯特是一个站在人生废墟上的英雄，他不止一次在遭遇命运的致命打击后重建自己的人生，尽管哭过痛过，他却从未放弃过对于人生的追求和渴望。正是他的顽强不屈和坚强信念，才使他最终彻底征服命运，获得了成功。

从某种意义上来说，人生就像是一所苛刻残酷的大学，每个人都从这所大学里得到了自己独特的课程，能否毕业、成为优秀的毕业生，取决于我们的努力程度和心态。除了我们自己，没有人能够代替我们从人生的大学里毕业。一个能够战胜苦难和不幸的人，就是成功的，不管他是否做出伟大的成就，也不管他能否获得广泛意义上的成功，他就是自己的英雄，也是自己的史诗。古人云，天将降大任于是人也，必先苦其心志，劳其筋骨，饿其体肤，空乏其身……也许这些灾难恰恰是命运对我们的磨砺，也是促进我们不断成长和进步的激励。

和马斯特相比，我们的人生无疑幸运得多。因而我们完全没有理由抱怨命运，更不应该在小小的苦难面前束手就擒。我们唯有让自己的内心变得更加坚强，坦然迎接命运的馈赠和挑战，才能真正成长为人生的强者，获得人生丰厚的回报。

年轻就不要怕吃苦

人生路上，大多数人都不想遭受苦难，希望人生尽情享受甘甜。遗憾的是，人生总是先苦后甜的。反之，则会先甜后苦。所以，明智的人总是懂得先吃苦、再享乐的道理。举个很简单的例子，很多孩子小时候不愿意学习，父母为了迁就他们，就放纵他们，最终，他们长大之后因为没有过硬的知识和本领，也因为从小娇生惯养、总是享福，导致毫无担当，最终失去了人生最好的机会，距离成功越来越远。可想而知，他们人生的后半段，肯定会感到非常被动。

很多知识和技能的学习，都是越年轻越好。假如孩子小时候不愿意学习，长大了也必然因为自身的散漫和慵懒而一事无成。所以，朋友们，趁着自己还年轻，千万不要畏难，更不要对于任何事情都以"我不会"作为推脱的借口。我们唯有知难而上、迎难而上，才能最大限度发挥自身的能力，实现自身的梦想。每个人都是有很大潜力的，正是懒惰掩藏了我们的潜力，尤其是很多人畏难情绪很重，宁愿在没开始的情况下就选

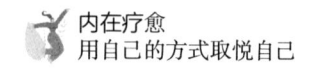

择放弃，也不愿意勇敢面对人生。这样一来，人生还谈何奋斗呢？他们只会更加远离成功。

如果在人生刚开始时就总是害怕麻烦，那么，越是朝着人生的后半段走去，就越是困难重重。我们羡慕成功者顶着的光环，殊不知，他们很擅长激励自己，断绝自己的后路，只能一往无前。也只有这种方法，才能最大限度挖掘出自己的潜力，从而实现人生的辉煌。

把一切不如意"熬"过去

"今年的冬天似乎特别冷，冷得让人心里发寒""当时能够买一个房间的钱如今却只够买一间厕所""快过年了，房租又该涨了"，朋友小张在微信里飞快地跟我抱怨着，快到我的回复跟不上她接踵而来的话题，只得任由她的头像在手机屏幕上闪烁。我整理好思绪，想要好好安慰她，却发现她回复我："没事啦，我就是跟你吐槽一下，日子还是得照样过！"

孩提时，父母、老师总是会教育我们，要以乐观的心态积极地面对生活，因为世上无难事，只要肯登攀。长大之后才发现，其实很多事情真的不是努力就可以做到。在爸妈面前，很多年轻人从来都是报喜不报忧，因为，很多事情除了会增加他们的忧虑，留下的也只会是帮不上孩子忙的无力与叹息。作为年轻人，或许你由于年轻无所畏惧，从未觉得人生辛苦到需要用"熬"这个字来形容。

"熬"是久煮，引申为耐苦坚持的意思。"熬过"艰难坎坷，而不是"渡过"、不是"经过"，这些都足以说明人生路上的许多艰辛是我们从未预想到的。很多时候，从出生起，因为不同的家庭环境、成长高度，我们不得不承认，人的命运并不都是一样的。有的人出生就含着金钥匙，而有的人一生充满坎坷和荆棘。然而不管你经历的是何种人生，对待坎坷的态度都应该是一样的，都应该笑对人生。

悲观时，年轻人经常问：人生是什么？人为什么要生活？是啊，生活既然是苦的，人又为什么要活着？仔细思量，不难想明白其中的道理：人生无非生老病死，每个人都要经历喜怒哀乐，不管拥有怎样的人生，总是会有开心与不开心的事情需要去经历。人人都该牢记，人生不如意之事十有八九，没有谁的人生是一帆风顺没有任何坎坷的，遇见坎坷并不可怕，发自内心的乐观与微笑终会帮助我们渡过眼前的一个又一个坎坷，而我们需要做的就是忍耐与坚持。

生活的城市越大、发展越快，生活的节奏越快，遇到的坎坷也可能越多，但你的所见所得和收获也会越丰厚。无论遭遇多大的困难与挫折，都别轻言放弃，允许自己消沉几天，几天之后，调整心态，擦干眼泪，将心中的痛苦掩埋起来，继续向前，因为时间不等人。人生短短几十年，二十年年少懵懂，二十年年老昏聩，再去除睡眠所需，我们还有时间空叹人生悲苦吗？

人生路上，有人享受生活，有人含恨昨天；有人追求名利，有人沉迷物质；有人终日以泪洗面，有人整日欢声笑语；有人长命百岁，有人却英年早逝。诸多感慨不可一概而论，不同的人生到底怎么过，如何活出自己的精彩，如何将生活变成自己想要的样子，这是一个人的心态所在，更是一个人的智慧所在。

有人遇强则强，坎坷使其更加振奋；有人却沉沦其中，坎坷使其堕落。而其中的差别就在于心态。遇事悲伤是人之本性，而笑对人生却是一个人的精神风貌。只有保持内心的热忱与善良，熬过艰难坎坷，你才能笑对生活！

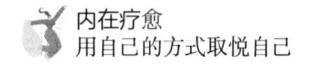

不要一直沉浸在痛苦当中

记得曾经有人说：把快乐和朋友分享，快乐就会变成双倍的；把痛苦和朋友诉说，痛苦就会减半。其实，在漫漫人生路上，很多人都会遭遇痛苦的经历，有的时候可以让朋友分担，有的时候则只能一个人默默承受。当无人诉说或者无人分担时，我们也可以采取"稀释"痛苦的方式，帮助自己减轻痛苦，满怀希望地面对未来。如果我们一味地陷入痛苦之中，痛苦就会让我们陷入绝望的深渊，无法自拔，也无法自救。

很多人都喜欢玫瑰花，因为玫瑰花娇艳欲滴，也因为玫瑰花色彩艳丽。然而，玫瑰花虽然漂亮，却有着又尖又硬的刺，让人在欣赏它美丽的同时，也担心被刺扎伤。那么，难道我们因为害怕刺，就放弃欣赏玫瑰花的美丽吗？明智的人不会作出这样的选择，就像人们不会因噎废食一样，不会因为可能发生的小小伤害，就放弃对美的喜爱和追求。

如果没有刺，也许就没有美丽的玫瑰花。正是刺最大限度地保护了玫瑰花，所以玫瑰花才能绚烂绽放。对于人生而言，痛苦也恰恰起到了这样的作用。从某种意义上来说，痛苦是孕育人生的养料，正是在痛苦的滋养之下，人生才能如花般绽放，才能变得更加充实厚重。

对于大自然中的每一种生命而言，命运都是非常公平的。它给予生命更多的馈赠，也必然会让生命付出更大的代价。同样的道理，也许我们此刻正在遭遇命运的挫折和磨难，这也恰恰意味着我们会得到命运的馈赠。所以，面对人生的痛苦，我们理应学会"稀释"，让痛苦变得可以承受，也让生命变得更加厚重、丰盈。

很久以前，有个孤儿跟随深山里的一个教书先生读书识字。和他一起的，还有村子里的其他孩子。每到傍晚时分，父母就会来接孩子放学回家，而这个孤儿因为无家可归，只能和先生一起住在深山里。

又一个傍晚，眼看着同学们都被接走了，孤儿愤愤不平地抱怨："为什么他们都有爸爸妈妈，只有我没有呢？难道我做错了什么，所以才会被整个世界抛弃吗？"先生看着孤儿生气的小脸，一句话也没有说，而是端来一杯水，又把一勺盐倒入水里，递给孤儿喝。孤儿只喝了一小口，就紧紧皱起眉头，说："太难喝了，又苦又涩又咸。"先生笑了，还是一语不发地牵起孤儿的手，端起水杯，带他走到门前的小河边，把水杯里的水倒进河水里。然后，他又用空杯子舀起一杯河水，递给孤儿喝。孤儿喝了水，先生问："现在味道如何？"孤儿说："不苦不涩也不咸了。"先生笑了，说："杯里的水之所以难喝，是因为水太少、盐太多。现在我们把它倒进河水里，满满的河水就把它稀释了，因而不苦不涩也不咸。对于人生的痛苦也是如此，假如我们只是盯着痛苦，痛苦就会被放大，并使得我们的人生更加不幸。相反，假如我们学会'稀释'痛苦，那么痛苦就会变得微不足道，且不会给我们的人生带来太多的困扰。"孤儿认真听完先生的话，若有所思地点点头。

在这个事例中，孤儿看到其他同学都有父母、有家，因而心中悲苦。在先生的点拨下，他意识到，要想减弱痛苦，就要学会"稀释"痛苦。其实生活中除了痛苦外，还有很多值得我们高兴的事情，我们应该学会发现生活的美好，放下生活的痛苦，这样才能尽情享受人生的幸福和快乐。

每个人在一生之中都会时不时地面临痛苦、承受痛苦。在这种情况下，一味地逃避并不能使痛苦消失，总是盯着痛苦又会让自己更加烦恼，最好的办法就是"稀释"痛苦，把痛苦放到人生幸福的大背景之下，如此，痛苦也就不再让我们难以承受了。

学会平衡自己的内心

现实生活中，很多人都存在心理失衡的问题，因此，他们对于自己的生活和事业，对于身边的诸多人，都无法感到满意，因此抱怨连天。从心理学的角度而言，心理失衡指的是人们的心理状态不再和谐平静，因而导致理想、情感和行为陷入冲突的状态之中。因为每个人的脾气秉性和各种观念都不相同，所以每个人的心理失衡也会有截然不同的表现。例如，有人心理失衡只是导致心情郁郁寡欢，也许因为本身性格较为内敛，他们并不会做出过激的事情，这一点类似于我们日常生活中所说的生闷气。再如，有些脾气性格暴躁的人一旦心理失衡，就会马上表现出来，丝毫不加以掩饰，不过他们的脾气就像炮仗，爆发完了也就结束了，不会有严重的后果，这种人属于心直口快的；还有些人心理失衡严重，因而在冲动之中做出无可挽回的极端行为，最终酿成大错。心理失衡的表现是多种多样的，因人而异，也因为引发的事端不同，导致人们有截然不同的表现。

通常情况下，人们心理失衡的原因可以大概分为客观原因和主观原因。所谓客观原因，即种种来自外界的压力，如愿望得不到满足，工作上得不到重用，或者遭遇了他人的误会和曲解，或者身体不适等，都会导致人们心理失衡。相比之下，主观原因则包括人们的心态不端正、受到欲望的驱使和奴役、喜欢嫉妒他人等，这些也都会引发心理失衡。主观原因导致的心理失衡更像是自寻烦恼，只要摆正心态，这些烦恼往往就会消失。

心理学家经过研究发现，人们内心的渴望很难在生活中得到完全实现，也就是说，人们不可能完全顺心如意。在这种情况下，要想避免心理失衡，就必须摆正心态，才能使自身的情绪保持平静，才能自然而然地达到心理平衡的状态。还有些人把趋利避害的本性发挥到了极致，遇到问题的时候总是喜欢推脱责任，恨不得摆脱一切不利因素，如果是对自己有利的则趋之若鹜。其实，这也是人的本能。人是感性的动物，有的时候感性大于理性，无法始终保持理智进行冷静的思考。日常生活中，心理失衡的人总是牢骚满腹，而能够保持内心平衡的人，则能够保持情绪稳定，不但生活和事业都进展顺利，也能拥有成功顺遂的人生。

一直以来，小敏都饱受心理失衡的折磨。原来，小敏的老公是家里的老二，还有一个哥哥。因而在小敏和老公还没有认识时,她的公婆就在帮大儿子家带孩子。等到小敏的孩子出生时,公婆已经养育大儿子家的孩子十几年了。小敏很想让婆婆来帮助他们带孩子,毕竟他们在大城市生活,如果每天照顾孩子,小敏就无法上班,家里的经济条件也会吃紧。

然而,婆婆对于自己的大孙子很有感情,毕竟是从出生开始就由她亲手带大的,因而总是舍不得离开大孙子。尤其是她的大儿子和媳妇都在外地打工,如果把孩子交给他们,孩子就必须也跟着去外地生活,环境和条件自然没有家里好。思来想去,婆婆还是拒绝了小敏的请求,决定继续把大孙子带大。这样的拒绝,让独自带孩子的小敏吃尽了苦头,她也因此陷入严重的心理失衡。每当带孩子感到疲惫不堪时,她就会对下班回家的老公大发脾气,喊道:"你是不是你妈亲生的?为什么你妈不愿意帮咱们带孩子,只顾着帮你哥嫂!"刚开始小敏这么说,老公还能勉强忍耐,但是说的次数多了,老公也未免心烦起来,反驳道:"你让他们背井离乡怎么来?你要是愿意,可以把孩子送回老家,他们肯定带!"小敏得不到老公的安慰,更加愤愤不平,怒吼道:"送回老家?去挨你哥哥家儿子的欺负吗?现在轮也轮到帮咱们带孩子了!你妈生了俩儿子,你可别忘记了。她这样厚此薄彼,总有一天会遭到报应的!"听到小敏口不择言,居然开始说过分的话,老公也不愿意,为此他们时不时地就要爆发家庭大战。

在最后一次激烈争吵之后，老公疲惫地说："你这样天天揪着这个问题不放，有什么实质性的意义吗？除了让我们吵架伤害感情，能解决问题吗？既然你不舍得把孩子送回去，我妈又不愿意过来，那咱们就克服一下。如果你总是这样心理不平衡，最终酿成的后果只能你自己承受，生气还伤身体呢，值得吗？或者你真的无法接受这样的婆婆，那我也不能换个妈呀，咱们只能离婚，这样你也就不会内心不平衡了。"老公的话给小敏敲响了警钟：是啊，既然婆婆确定不来给他们帮忙带孩子，如此不停地争吵除了破坏夫妻感情，简直没有任何好处。小敏好像突然间想通了，把自己从心理失衡的囚笼中放出来，从此以后专心致志带孩子、操持家务，与老公的感情也越来越好。

事例中的小敏假如一直想不通，总是因为婆婆不能帮他们而和老公吵架，那么最终非但无法如愿以偿，反而有可能破坏夫妻感情，导致家庭破裂。如此一来，没有人帮忙带孩子的小事就变成了家庭支离破碎的大事，可谓得不偿失。幸好老公的一番话让她醒悟，也使她彻底放下了这个纠结已久的问题，最终找回了小家庭的幸福和美。

任何关于平衡的选择，都取决于人们内心深处的良知和认知。生活中，心理不平衡的人总是牢骚满腹，不但给他人带来负能量，也使自己的内心陷于痛苦之中。假如我们能够摆正心态，更多地关注自身的成长和获得，而不要总是盯着他人，看他们的付出是否比我们少或者与我们的付出是否均衡，那么我们就能够从付出中得到快乐，而不至于满腹不满和牢骚。朋友们，从现在开始就跳出心中不平衡的囚牢吧，我们唯有善待自己和他人、宽宥自己和他人，才能使人生充满阳光，更加从容淡定、大气平和。

第05章

人生的高度，取决于你的眼界和自我定位

有怎样的眼界，就能达到怎样的人生高度

有很多的人抱怨命运，抱怨人生，抱怨自己不曾取得辉煌，殊不知，并非命运不眷顾和青睐于他们，而是因为他们从未找到人生的方向，更没有为此付出努力。对于一个止步不前的人，即便命运想要给予他更多的成全和圆满，也找不到机会。因此我们说，实现梦想并非是最艰难的，在实现梦想之前要先找到自己的梦想，并且为之付出坚持不懈的努力，这才是最难的，也是每个人通往成功的关键一步。

很多朋友都曾看过井底之蛙的故事。那只青蛙一直在井底生活，它认为井底的方寸之地就是全世界，对井底的环境感到非常满意，也认为自己所能看到的井口的那片天就是整个天空。我们经常以井底之蛙来形容短见拙识的人。事实上，人是很容易见识短浅的，尤其是对于自己从未经历过和见识过的事情，人们总是先入为主，根本想不到其中别有洞天。可以说，眼界决定了人生的开阔程度，一个眼光短浅的人，就如井底之蛙，根本不知道也想不到更远的地方。为此，我们每个人都

应该努力开阔自己的眼界,唯有如此,才能让自己变得更有见识,在确立人生梦想时才能站得高、看得远,才能作出合理的规划。

对于不想当将军的士兵,拿破仑说他们不是好士兵,主要是因为这些士兵只盯着眼前的方寸,而无法以将军的胸怀和魄力把士兵的工作做到最好。虽然身为普通人,但我们也要有远见卓识,这样才能更好地规划自己的人生,不至于鼠目寸光,让人生局限于方寸之间。

很久以前,有两个泥瓦匠经常在一起工作。泥瓦匠亨利每天工作的时候都开开心心的,有的时候嘴里还哼着歌儿,似乎他不是在从事繁重的体力劳动,而是在做世界上最体面的工作。相反,泥瓦匠约翰则整天愁眉苦脸,他总是不停地抱怨,不想一辈子都这样当一名泥瓦匠,却偏偏又觉得自己这一生再无回旋的余地,只能是个可怜的泥瓦匠。

有一天,约翰看到亨利一边工作一边像个舞蹈家一样走来走去,不由得纳闷儿:"亨利,工作这么辛苦,你怎么还能这么快乐呢?难道你真的发自内心地喜欢泥瓦匠的工作吗?"亨利马上哈哈大笑起来,说:"不,我肯定不会一辈子都当泥瓦匠的。只要想到我的梦想,我就非常开心,因为我觉得,随着每一天工作,我距离梦想越来越近了!"约翰更加疑惑不解:"你是一名泥瓦匠,居然也有梦想?我小时候还梦想着成为大富豪呢,结果现在还不是得老老实实当一名泥瓦匠吗!"亨利想了想,说:"我们现在在干什么?"约翰皱着眉头说:"当然是在砌墙,反正和梦想无关。"亨利却毫不迟疑地说:"错了,咱们在建造美丽的剧院,未来会有很多热爱音乐的人在这里欣赏音乐,也会有伟大的艺术家在这里表演艺术!"约翰不由得对亨利的回答嗤之以鼻,说:"哼,你简直是在白日做梦!"

就这样,亨利和约翰继续在一起工作,亨利依然满怀喜悦地工作,约翰依然整日愁眉苦脸。十几年的时间过去了,约翰还是在满腹牢骚地砌墙,亨利却已经成了大名鼎鼎的建筑师,设计出很多著名的建筑,也得到了无数的鲜花和掌声。

亨利在砌墙的时候,始终牢记自己的梦想,并且坚信自己所做的一切都使他距离梦想更近,因而他满怀喜悦地工作。与亨利恰恰相反,约翰在面对砌墙的工作时,丝毫没有想到自己的梦想,甚至已经彻底放弃了做梦。尽管讨厌砌墙的工作,但是他又觉得自己只能一辈子当个砌墙的泥瓦匠,因而满心绝望。在这两种不同的心态之下,亨利和约翰的人生也截然不同。

朋友们,假如你们也想拥有辉煌的未来,那么,千万不要否定自己,让自己的心陷入绝望的深渊。我们必须努力站得更高,才能看得更远,也才能开阔自己的眼界,树立自己的梦

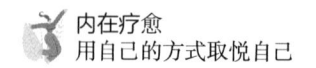

想,从而让人生在梦想的指引下勇往直前。为何不同的人从相同的起点出发,最终收获的人生却截然不同呢?就是因为眼界的差异。

第05章 人生的高度，取决于你的眼界和自我定位

眼界开阔的人能更好地抓住机会

在古代社会，人们要想从一个地方去往另一个地方，必须长年累月长途跋涉，排除旅途中遇到的重重阻碍和困难，才能顺利到达。幸运的是，我们生活在现代社会。这是一个交通非常便利的时代，也是一个信息爆炸的时代。我们轻而易举地就能通过各种渠道了解全世界发生的大事小情，也能轻轻松松地打个"飞的"，一夜之间就飞到地球的另一端。如此的便利，让我们不再仅仅满足于眼前的生活，只要我们愿意，我们完全可以立足脚下、放眼世界。除非心甘情愿地成为井底之蛙，否则，你几乎可以随意了解自己想知道的一切新闻和国际大事。

如今，随着信息的极速传递和交通的极大便利，整个地球已经变成了"地球村"。只要我们愿意，我们的朋友可以来自世界各地，这丝毫不影响我们彼此之间的友谊。因为，我们可以用电话、手机、邮件和视频交流，就像比邻而居的人们那样，甚至比邻居更加亲密无间。在这样的时代，如果你依然

固守着自己的世界，不愿意敞开怀抱拥抱整个世界，那么你就是不折不扣的井底之蛙。很多人都抱怨自己没有机遇，因此总是与成功失之交臂。其实，现代社会的机遇对每个人都是平等的，只要你处处留心，你就会发现机遇很多。要想让自己的人生获得长足的发展，抓住形形色色的机遇，我们首先要开阔眼界，打开视野和思路。

在广袤的大森林里，生活着狼和鹿这两种动物。在大多数人的心目中，鹿是一种充满灵气的动物，它们善良而又美丽，就像是上帝派到人世间的天使。相比之下，狼的形象就没有那么好了。人们总是觉得狼是非常凶残的动物。尤其是当狼猎杀鹿的时候，人们恨不得拿起枪来杀死狼，以保护美丽的鹿。包括罗斯福在内，大多数人都持有这样的观点。恰恰是这种想法，让罗斯福犯了一个非常严重的错误，破坏了凯巴伯森林中的生物链。

在凯巴伯森林中，有着大量的植被。大概有三千多只美丽的鹿生活在这里，享受水草充足的生活。然而，它们的生活总是被不和谐的音符打断——凶残的狼总是想尽办法猎杀它们。为了保护鹿，罗斯福下令，让猎人们猎杀狼。在无情的枪口下，狼大量死去。终于，鹿成了森林的主人。每天，它们都惬意地吃草。因为没有天敌的猎杀，它们的繁殖速度惊人。没过多久，鹿就把森林中所有的草都吃光了。最终，它们因为饥饿苟延残喘、奄奄一息。罗斯福没有想到的是，狼是森林的保护者。正是因为它们不断地猎杀鹿控制了鹿的数量，森林才得以维持平衡。

罗斯福因为不了解自然界的平衡定律，盲目地根据成见做出了决定，导致森林里的植被全部被鹿吃光，鹿也濒临灭绝。其实，我们又何尝不是如此呢？要想避免这种情况的出现，我们就应该多多读书、增长见识，走过更多的地方、看遍各地的风土人情。古人云，读万卷书，行万里路。在古代，这也许只是一种梦想，但是，在现代社会，这件事可谓轻而易举。在如此便利的条件下，如果我们还不能更好地把握自己，那么，就会成为真正的井底之蛙。

也许有人会说自己知道的很多，殊不知，知识的海洋是浩瀚无垠的。唯有怀着谦虚好学的心，我们才能掌握更多的知识，让自己涉猎更广泛，才能尽量避免犯短见的错误。从现在开始，年轻人们，努力学习吧，只有不断地学习，才能避免我们成为井底之蛙，犯管中窥豹的错误。

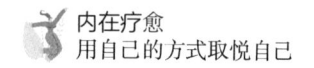

只有自己才能打败自己

很多时候，打败我们的不是别人，而是我们自己。在人生的旅程中，每个人都难免遇到困难，甚至有的时候这些困难看似不可逾越。在这种情况下，战胜困难并非依靠外界的天时地利人和，而是依靠我们战胜困难的意志。很多人都听说过这样一个故事：一个被检查出癌症的病人已经被医生判了死刑，医生甚至不让他留在医院进行治疗，而让他想吃就吃，想喝就喝，四处玩乐，完成一生之中未尽的心愿。既然知道时日无多，连医生都放弃了治疗，病人也就彻底想开了。他卖掉房子，带着所有的家当开始周游世界。他什么也不想，完全忘记了自己的癌症，就这样开心地在地球上走走停停。不知不觉间，时间已经过去了一年多，这已经远远超出了医生宣判的他的生存期——半年。他游山玩水之后回到了家里，去医院进行复查，想弄明白自己为什么没有死。检查的结果让所有人都大吃一惊，他体内的癌细胞消失了。这个奇迹用医学根本无法解释。生还是死，决定因素就是他们能否放下心里的负担享受生活。有位医生曾经说，很多癌症病人都是因心病才加速恶化的。如果得知自己得了癌症之后就终日以泪洗面、忧思不断，那么，即使癌症原本并不严重，也会因为情绪消沉而迅速恶化，最终夺去患者的生命。

打开心门，不仅对于疾病的恢复有奇效，对于生活中的很多事情也效果显著。在这个世界上，每个人都在追求成功，然而，在通往成功的路上，有些人不是还没出发就先放弃，就是在中途无法坚持。究其原因，他们在追求成功的过程中没有经受住失败的考验。对于很多人来说，失败就是心里的坎，他们没有能力承受失败。然而，有哪一个成功者不是在经历很多次失败之后才梦想成真的呢？要想成功，首先要打开心门，敢于拥抱失败。只要我们心里抱着积极的态度面对失败，对失败不抱怨不气馁，积极地总结经验，失败就会成为我们进步的阶梯。每个人的心里都有一扇门，只有打开这扇门，才能敞开心扉，拥抱生活的喜乐悲苦。遇到生活的变故时，人们常常抱怨命运的不公平，抱怨身边的亲人朋友，实际上，你心门的钥匙掌握在自己手里。影响命运的不是外界的各种人和事，而是自己的内心。

李阿姨54岁了，原本计划好退休之后和老伴一起环游世界，不想，老伴突发心肌梗塞，离她而去了。李阿姨痛不欲生，恨不得和老伴一起离开人世。然而，孩子们整天整夜地守着她、开导她。李阿姨在家躺了一个月之后，勉强支撑着去上班了。这一年的时间，因为工作上还比较忙碌，所以，虽然想起老伴时还是忍不住掉泪，李阿姨还是磕磕绊绊地接受了事实。一年之后，李阿姨退休了。看着冷冷清清的家，她的情绪糟糕到了极点。儿女们都已长大，各自成家，有了自己的生活。虽然每到节假日，孩子们就拖家带口地来陪伴李阿姨，但是李阿姨还是觉得空虚寂寞，生活了无乐趣。

退休没多久，李阿姨就得了严重的抑郁症。为了照顾妈妈，女儿辞去了好好的工作，带着孩子搬来和李阿姨一起住。看着女儿整日忙前忙后，还不得不和女婿分居，李阿姨心里觉得很不忍心。她劝女儿搬回家去住，否则，时间久了，夫妻感情容易淡漠，女儿却说，宁愿离婚，也不会扔下妈妈。李阿姨想了很久，觉得不能拖累女儿。因此，她和女儿商量着出门旅游。女儿和兄弟姐妹们商量之后，给她报了一个豪华游，历时一个月，走遍大半个中国。从来没出过远门的李阿姨跟着旅游团出发了，在旅游团里，她认识了很多伙伴，玩得很开心。这是一个老年团，里面有很多老人都是单身一人。他们和李阿姨相互劝慰，再加上导游的贴心陪伴，最终李阿姨想明白了：生活总要继续，不能拖累孩子。

回家之后，李阿姨一改往日的消沉，她报名参加了老年大学，还参加了书法班、插花艺术班。渐渐地，她的生活再次走上飞轨,每天都非常充实且有规律。看到妈妈的改变,女儿高兴极了。一个月之后,她放心地带着孩子搬回了自己家。

  李阿姨之所以能够有如此之大的改变,就是因为她打开了自己的心门。如果不是她自己想明白了如何生活,那么,不管别人再怎么劝说和安慰,也是于事无补的。朋友们,在生活中,每个人都难免遇到为难的事情,这种情况下,我们一定要摆正心态,因为唯有如此,才能战胜困难,在人生的道路上不断前行。

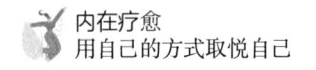

人绝不可一无是处

每个生命在呱呱坠地的时刻，都像是一张白纸，上面既没有任何痕迹，也没有任何记忆。经历了漫长的生命历程之后，有的人依然像是一张被不小心遗落的白纸，没有任何变化；有的人却拥有了一张五颜六色、绚烂无比的人生图画；还有些人的白纸已经被画得乱七八糟，特别凌乱，根本不堪入目。毫无疑问，第一种人生被虚度了，第三种人生是混乱的。唯有第二种人生，才能给人赏心悦目之感，而这一切，都源于第二种人对自己的人生进行了认真的勾勒，也对人生进行了细致入微的着色，所以他们的人生才会那么绚烂。

也许有很多普通而又平凡的人会觉得失落，毕竟，和那些一出生就拥有很多的"富二代"相比，我们的起点相对较低。然而，这并没有大碍，因为生命最终取决于我们在一生之中的努力，而并非完全取决于父母或者是命运对我们的馈赠。生命中真正的强者可以接受自己一无所有，且从不会自暴自弃，因为他们深深知道，只要心中怀有希望，只要目标坚定、勇往直前，就一定能够战胜命运，让自己拥有充实的人生。

从某种意义上来说，一无所有也是一种生命的馈赠。相比起那些拥有很多的人，正因为一无所有，我们才能杜绝一切奢望，坚定不移地相信，只有依靠自己，才能彻底改变命运。也正因为一无所有，我们才能在奋力拼搏的时候更加决绝勇敢，从来不会害怕失去，并凭借一往无前的心态使得命运出现转机。就像项羽在巨鹿之战中破釜沉舟一样，正是因为他让全体将士都相信自己再也没有退路，所以他们才能在九次激战之后打败秦军，这样的一无所有，变成了义无反顾的勇气，也变成了只能胜不能败的决心。

从这个意义上来说，人可以一无所有，但不能一无是处。一个一无是处的人，总是看不到自身的优点，更无法扬长避短、取长补短。他们一味地把希望寄托在他人身上，导致自己颓废沮丧，甚至失去了奋斗的信心和勇气，连尝试也变得遥不可及。对于这种处于停滞状态的人生，一无是处是罪魁祸首。其实，对于任何人而言，只要心中有动力，人生就会像永动机一样，始终马力十足。

人生之中，有很多人之所以出现失误，就是因为他们拥有的太多，因而毫不在乎。相反，对于一无所有的人而言，因为没有什么可以仰仗，所以他们必须全力以赴地付出、更加努力地拼搏。最终，他们反而能够后来居上。其中的道理和龟兔赛跑也有些相似。兔子正因为觉得自己跑得快，哪怕睡一觉也能遥遥领先，所以才轻视了慢吞吞的乌龟。而乌龟很有自知之明，知道自己爬得慢，因而始终不遗余力地往前爬，最终转败为胜，结局出人预料。所谓笨鸟先飞，也正是这个道理。

朋友们，一无所有并不可怕，可怕的是一无是处。让我们调整心态，把一无所有变成优势吧！只要能做到这一点，你就一定能够无所顾忌地勇往直前，从而给人生开拓更宽广的天地，带来更多的改变和飞越。

找准自己的位置，才能拥有想要的人生

生活中，有些人妄自菲薄，不管什么时候、什么情况下，都对自己毫无信心，觉得自己只能接受命运的安排，甚至没有勇气面对命运；有些人则与他们恰恰相反，他们总是妄自尊大，觉得自己是无所不能的强人，不管面对什么事情，都能平扫天下、圆满解决。毫无疑问，这两种人代表了两种截然相反的极端，都对自己缺乏准确的定位。一个人过于看轻自己或者过于看重自己，最终都会导致其对自己的人生更加迷惘，也会导致人生不能拥有美满的结果。

和妄自尊大相比，自卑显然危害更大。毋庸置疑，一切成功者都拥有自信，也可以说自信是成功不可缺少的因素之一。虽然拥有自信的人未必都能获得成功，但是大凡成功之人都拥有自信，由此也可以看出自信对成功至关重要。人生路漫漫，会遭遇各种极端的情况，自信恰如照亮人生之路的永恒太阳，不管在什么情况下都能给予人们更多的勇气和力量。倘若一个人对于自己都没有信心，又如何能够满怀希望地迎接未来呢！

小娜是个非常自卑的女孩，尽管已经读初中了，但她还是很自卑，常常觉得自己处处不如人。为此，爸爸妈妈都很着急，因为小娜的自卑已经影响到了她的学习和生活。例如，有一次，老师推荐小娜代表学校参加作文比赛，小娜却接连推辞："老师，我不行，我不行，万一给学校丢脸就不好了。"尽管后来爸爸妈妈也在老师的要求下多次鼓励小娜，小娜还是不断推辞，最终失去了这个千载难逢的好机会。为了帮助小娜摆脱自卑，找回自信，妈妈想到了一个好办法。

一个周末，妈妈批发了几件衣服，要和小娜一起去卖。她们先是来到了地铁口的天桥旁摆地摊，天桥上人流量大，很快就有人以十五元的价格买走了一件T恤。卖完这件T恤后，妈妈没有停留，马上又带着小娜来到了服装市场。恰逢周末，服装市场人也很多，很快，妈妈又以五十元的价格卖出了一件相同的T恤。最后，妈妈带着小娜来到了小姨开的高档服装店，把T恤挂在富丽堂皇的店里，居然以一百九十九元的价格卖出去一件。小娜疑惑不解地看着妈妈，不知道妈妈的葫芦里卖的是什么药。这时，妈妈才语重心长地说："小娜，你看看，同样一件T恤，因为摆放的地点不同，身价也截然不同。人也是如此。假如我们不能很好地定位自己，把自己看成是地摊货，那么我们就只能值地摊价。假如我们觉得自己是服装市场里的商品，那么我们就值服装市场里的行价。倘若我们满怀信心地大胆定位自己，把自己定位成高档服装、走进这样装饰豪华的店里，我们也会身价倍增。你看到了，一件T恤可以轻而易举地卖到一百九十九元，而买的人也十分满意。那你觉得自己的价值在哪里呢？"听了妈妈的话，小娜陷入了沉思。过了很久，她对妈妈说："妈妈，我明白您的意思了。您放心，我以后一定会更加充满自信，让自己成为最后这件T恤。"

妈妈生动的教育让小娜一下子就领悟了其中的道理，一个人缺乏自信、非常自卑，无异于自己降低身价，即便自己原本是值钱的宝玉，最终也会变成无人问津的小石子。原本广阔的天地，也会因为自卑的心理而无缘探索，乃至失去很多千载难逢的好机会。

每个人都应该相信自己，准确定位自己，从而给自己找到前进的方向。一颗自卑的心是无法看到自己的特长和优点的，唯有充满自信，我们才能找到自己的核心竞争力，努力发展自身的长处，让自己变得璀璨夺目。虽然人们常说，是金子总会发光的，但是人生苦短，被埋没的滋味并不好受。是金子，我们就要将自己展示在高处，而不要被埋没在土里，等着他人来发掘。时间就是生命，我们更早地展示自身的价值，得到长足的发展，也就相当于延长和拓宽了生命，会使人生更加绚烂。

第06章

享受独处时光，在孤独中发现真正的自己

学会与孤独为伴

我们都知道,没有人能随随便便成功。自古以来,卓有成就的人,大多是抱着不屈不挠的精神,忍耐枯燥与痛苦,在逆境中奋斗挣扎后,才获得成功的。在人生的道路上,我们若想有所收获,就必须要耐得住寂寞。因为成功并不是一蹴而就的,需要我们耐心等候。

歌德说:"人可以在社会中学习。然而,只有在孤独的时候,灵感才会不断涌现出来。"由此,我们可以看到的是,如果你想要有所建树、成就自我,那么,在孤独中坚守,在孤独中完善自我,是走向成功的必经之路。一个人,只有依靠自己的力量,脚踏实地地顽强拼搏,才有可能达到目标、实现自己的梦想。

人们常说:"拥有天下非富有,心灵充实才可贵。"真正内心强大的人往往是那些宁静致远、淡泊明志的人。在喧嚣的外在环境下,他们依然能享受那一份属于自己的宁静,不为世事纷扰而忧心。然而,不得不承认的是,我们的周围也有一些满腔抱负的人，但他们耐不住寂寞，无论做什么事都三分钟热度，最终只能一事无成。

总之，寂寞是不弃的伴侣，坚持到底是我们不断向前奋进的动力，在这个过程中，我们需要有一颗耐得住寂寞的心。若享受不了寂寞，内心无法宁静，就难以获得成功。

沉默的你，内心强大

人都是感性的动物，喜欢用语言表达自己，而人们天生的好奇心更是让许多人都喜欢"打破砂锅问到底"。但是言多必失，一个人如果话太多，总是对人喋喋不休，反而会让人心生厌烦，也是一种缺乏自信的表现。因此，我们在用语言表达自己的同时，也要学会适当保持沉默。

沉默是一种品格，也是一种境界。沉默的力量来源于内心的最深处，是没有痕迹的精神修炼，它能让人以更新的视角来探索自己的灵魂。但是请不要误解，所谓沉默并不是指在屈辱时默不作声，在失意时浑然入睡，更不是在无奈时偃旗息鼓。沉默是指说话有度，多思考，是自我意识觉醒的一个过程。

一位公司老板在接待一位客人时，收到了一份很别致的礼物——三个普通的金属小人。这位老板不解，询问缘由。

客人从盒子中取出三个小人放在桌上，拿出一根稻草。他用稻草穿过第一个小人的左耳，稻草从右耳边出来了；用稻草穿过第二个小人的左耳，稻草从它的嘴里出来了；用稻草穿过第三个小人的左耳，稻草进了它的肚子不出来了。

这三个小人，代表着生活中三种不同类型的人：

第一种人，生活中没有什么主见，左耳进，右耳出，好像什么都没发生。这种消极的生活情绪让他们听不进任何中肯和有建设性的意见，长期生活在自己的固定思维里，不思进取，不知进步。

第二种人，只顾眼前利益，热衷于打听，然后不负责任地乱说。爱八卦，喜欢成为闲谈的主角，不会认真对看到的、听到的事进行分析，只是简单地重复别人说出来的话，任何事情都通通无所顾忌地往外说，不仅会让周围的人尴尬，还会引起是非。

第三种人，沉默是他的底色，听到什么，最终会烂在肚子里，"多听少说"，便是指他们。他们是很好的倾听者，你可以放心地与他们分享、吐槽，因为他们会保持沉默，不外传。

很多时候，沉默才是最好的处理方式，就像第三个小人一样，因为这世上的很多事，光听一面之词并不能完全了解真相。沉默并不意味着消沉，沉默的过程其实也是一个积蓄自己能量的过程。孔子说君子"敏于行而慎于言"，鲁迅将其解释为"于无声处听惊雷"，这也是沉默别致力量的一种体现。

人在社会中生活，就免不了与人打交道，但俗话说得好，"病从口入，祸从口出"，说得多，错得也就多，所以，在生活中，在与人打交道时，适当保持沉默，沉淀自己，把自己的心修炼得更强大，会让自己更轻松，与人交往也会更顺利。

"不在沉默中爆发，就在沉默中灭亡。"有的人在沉默中积蓄力量东山再起，有的人在沉默中变得消沉，彻底失去希望。沉默就像是一把"双刃剑"，在弱者手中，它是削弱人力量的刻刀；在强者手里，它是一把利剑，使人心灵不断净化、变强，最终变成更强大的自己。

在纷乱的时刻，沉默静守能让自己时刻保持清醒。当生活遭遇瓶颈，语言有时会变得苍白，这时最明智的做法就是沉默，韬光养晦，让自己变强变大。沉默不是退让，而是一个积蓄、酝酿、等待反击的过程。

寂寞是心灵成长的催化剂

我们都知道，人的成长是自我意识逐渐形成和独立的过程，真正的自我会伴随着身体的成长而一同成长。有句话说得好，成长是痛苦的，越长大越孤单，因为成长需要我们从稚嫩的自我中不断剥离。孩童时代，我们成长于父母长辈的庇佑之下，完全依赖于家人，不必为衣食住行担忧。我们的自我意识处于懵懂状态，我们可以放声大哭、放声大笑，没有过多的顾虑，更不必掩饰和伪装。因此，童年成了我们生命中最自然、最纯真的年代，童年的经历成了我们一生中最美好的记忆，我们沉浸其中，享受生命的美好，没有什么快乐能够代替童年的欢笑。而随着年龄的成长，我们发现自己与家人、长辈的距离越来越远，我们发现，他们根本无法理解我们。我们逐渐学会隐藏喜怒哀乐，发现自己开始孤单起来。直到我们可以独当一面时，我们发现，我们学会了自我保护，更感到了寂寞与孤独。

可以说，孤独是成长所带来的不可避免的产物，然而，一些人却不愿直视这一点，于是，他们宁愿用酒精、网络游戏来麻痹自己，但尽管如此，他们还是感到空虚。

苹果前CEO乔布斯曾经说过："你的时间有限，所以不要为别人而活。不要被教条所限，不要活在别人的观念里，不要让别人的意见左右自己内心的声音。最重要的是，勇敢地去追随自己的心灵和直觉，只有自己的心灵和直觉才知道你自己的真实想法，其他一切都是次要的。"不得不承认，在成长的过程中，我们都强调保持个性与追求自我，然而，人又是害怕寂寞与孤独的群居动物，常常会因为孤单、寂寞而去依赖别人，似乎只有在和他人相处时才能感受到自我的存在，实际上，这不仅会影响他人的生活，还会加剧人与人之间情感的破坏，因为每个人都渴望拥有独立的空间，不希望被打扰。

我们每个人每天都要面临学习、工作和生活，我们总是马不停蹄地奔跑，似乎很少有时间静下心来，思考人生，思考自己。但立身于尘世中太久，你是否经常有种孤独、寂寞、窒息的感觉？你是否并不清楚自己要的到底是什么样的生活？你的心是否曾经被一些自私自利的狭隘思想笼罩过？你是否已经变得人云亦云？因此，处于闹市中的我们，都要做到经常安静下来，给自己一段寂寞的时间，这样，我们才能做到独立思考。要做到这点，我们就需要养成在独处和寂寞中倾听内心声音的良好习惯。一个人待着时，你是感到百无聊赖、难以忍受，还是感到一种宁静、充实和满足？对于有"自我"的人来说，独处是让内心清静下来的绝好的方法，是一种美好的体验，固然寂寞，却有利于我们灵魂的生长。

总之，心灵的成长需要与寂寞为伴，它能带给我们理性、自主和超越。学会与寂寞同行，我们的心才不会迷失，我们才能避免原地踏步，并找到前方的路。

静下心来，你才能看到真正的自己

很多时候，走在川流不息的大街上，看着熙熙攘攘、摩肩接踵的人群，我们会突然间觉得很迷惘：我是谁？来这里干什么？在生活中，人们很难认清楚自己是谁，因而也就很难想清楚自己想要拥有什么样的生活，脚下的道路又是通往何方的。古希腊人在阿波罗神庙的一侧刻上了"认识你自己"这句警世之语。几千年了，这句话至今仍然在风雨之中傲视着世人。然而，迄今为止，人们仍然无法肯定地说自己已经实现了"认识自己"这一远大目标。

不得不说，随着生活节奏越来越快，竞争越来越激烈，人们的物质需求也越来越多。然而，假如不能很好地认识自己，既不知道自己真正追求的是什么，也不知道人生的目标，那么，就很容易形成自满、自负、自我陶醉的心理，甚至会产生虚荣心理。在物质利益的诱惑面前，很多人把持不住自己，盲目地为了追求利益而做出很多有违道德的事情；还有的人虚荣心膨胀，喜欢哗众取宠、炫耀自己，无法客观、正确地评价自己。与此相反，还有的人总是喜欢和比自己能力强或者物质条件好的人比较，很容易产生自卑心理，觉得自己一无是处，因而自我贬低……为了避免上述种种情况的发生，我们每一个人都应该正确地认识自己，意识到每个人都有自己的长处和短处，都有自己拥有而别人却没有的东西，都有属于自己的幸福。只有这样，才能以平和的心态坦然地面对生活。

在独处时倾听自己真实的内心

我们都知道，人是一种社会性的动物，我们需要与人交往，需要爱与被爱，否则就无法生存。世上没有一个人能够忍受绝对的孤独。但是，绝对不能忍受孤独的人，则是一个灵魂空虚的人。有位诗人说过："爱你的寂寞，负担它以悠扬的怨诉给你引来的痛苦。"事实上，我们可能没有认识到的一点是，这种因寂寞而引发的痛苦，恰恰是我们最应该珍视的礼物。在独处的时候，我们虽然陷入了孤立的境地，但正因为如此，我们才有机会静下心来思索自己的人生，才有机会聆听自己内心的声音。

挪威航海家弗里德持乔夫·南森说："人生的第一大事是发现自己，因此，人们必须不时孤独和沉思。"学会适时独处，你才会发现真正的自我；学会聆听自己的心声，你才能更加从容地上路。

夜幕降临，喧闹的城市也已经安静下来了。

林先生和所有的城市白领一样，在忙完一天后，他准备回家，但由于心情郁闷，他决定去呼吸一下新鲜空气。今天，他和上司吵架了，他们在下半年的计划安排上产生了很大的分歧，上司批评了他，他在考虑要不要辞职。

他把车停在了护城河边上，接下来，他打开了自己喜欢的轻音乐，然后靠在了椅背上，他觉得自己好累。在这家公司工作五年了，五年来，他一直很努力，但不知道为什么，他好像总是得不到上司的肯定，也一直没有得到升职的机会。可以说，他在这家公司一直工作得不开心。这到底是自己的问题，还是有其他原因使自己一直没有得到肯定呢？

他反复思考着这个问题，最终，他发现，原来自己根本不喜欢这份工作。他一直倾向于设计类的工作，从大学开始，这就是他的职业理想，但毕业后的他因为生计问题才选择了现在的工作。

想通了以后，他轻松了很多。第二天，他将辞呈放在了上司的办公桌上，然后离开了公司，这让很多同事感到愕然，但内里原因只有他自己知道。

这则案例中，林先生为什么作出辞职这个重大决定？因为他静下心后发现，自己的职业理想并不是现在的工作。这就是独处的力量！

的确，我们不是在喧嚣中认识自己，也不是在人群之中认识自己，而恰恰是在寂寞的时刻才能认识自己，于独处的时刻认识自己，犹如深夜的月光洒落在纯净无瑕的窗户之上。大凡拥有自我的人，都能做到静静地倾听自己内心的声音，以此认识到自己不为人知的另一面，这一面或许是为人处世中的不足或优势，或许是某种特长，但无论是哪一方面，只要我们能及时挖掘出来，就有利于自身的发展。

喧闹中的人们是听不到自己的心底的声音的，我们不难发现，我们生活的周围，一些人常把命运交付到别人手上，或者人云亦云、盲目跟风。他们忽视了自己的内在潜力，看不到自身的强大力量，甚至不知道自己到底需要什么，不知道未来的路在哪里。于是，他们浑浑噩噩地度过每一天，一直在从事自己不擅长的工作和事业，以致一直无所成就。因此，我们要做的就是倾听自己内心的声音，寻找到属于自己的人生意义，然后勇往直前、坚持到底。

任何一个人，只有学会倾听自己内心真正的声音，才可能不断挖掘出自身发展过程中不足的部分。面对激烈的竞争，面对瞬息万变的环境，那些不愿意反省自己或者不愿意及时改正错误的人，必将面临不如意的结局。同时，在快节奏的信息社会中，一个人如果不能及时察觉自身的缺点，不能用最快的速度修正自己的发展方向，也必然会在学业和事业中落伍，被无情的竞争所淘汰。

在独处时，我们能从人群和烦琐的事务中抽身出来，这时候,我们面对自己,开始了理智与心灵最本真的对话。诚然,与别人谈古论今、闲话家常能帮我们排遣内心的寂寞,但唯有在与自己的心灵对话、感受自己的人生时,才会有真正的心灵感悟。和别人一起游山玩水,那只是旅游;唯有自己独自面对苍茫的群山和大海,才会真正感受到与大自然的沟通。

总之,学会和自己独处,心灵才能得到净化。独处是灵魂成长的必要空间,只有静下心来,才能回归自我。心灵有家,生命才有路。只有学会和自己独处,心灵才会洁净,心智才会成熟,心胸才会宽广。

第07章

做自己喜欢的事，让这一生不虚度

从现在开始为幸福而奋斗

面对遥远的未来，面对理想中的人生，面对未知的幸福，很多人都觉得太难以把握了。其实，未来并不是镜中花、水中月，只要我们坚定自身的态度，坚定不移地即刻出发，梦想就并不遥远。怕的就是一味地踌躇，害怕未知的前程道路漫长，也担心自己会遭遇无数的坎坷挫折和未知的伤害。在这种情况下，人必然止步不前，也就无法到达人生的彼岸。

在这个世界上，没有任何人能够不劳而获，也没有任何幸福是唾手可得的。一切的收获都必然要以付出为前提条件，那些能够到达人生幸福彼岸的人，都是积极乐观的人，是能够快乐启程奔向未来的人。

人生是由无数个今天组成的，要想让人生变得充实，我们就要努力把每一天都活出新意，活得与众不同。如果我们把每天都用于徘徊、用于犹豫，那么人生该是何其彷徨啊！幸福的启程必须从现在开始，任何时候我们都要怀着一颗坚定不移的心，这样人生才能拥有更多的快乐。

很久以前，有一对朋友结伴去远方。他们一路上相依相伴，无论遇到多么艰难的情况都没有放弃，历经千辛万苦才来到了接近目的地的地方。此时，一条水流湍急的大河横亘在他们面前，只要渡过这条河，就能到达幸福的彼岸了。那么，如何才能渡过这条河呢？两个朋友之间产生了分歧。一个人认为这条河太宽广了，水流也很湍急，无论如何努力都不可能顺利过河。另一个人则认为可以采伐树木，制造一条简易的木船。但是，对于这个提议，前者坚决反对，他认为这就是送死。

后者最终决定与前者分开行动，他夜以继日地砍伐树木，制造大船，还利用闲暇时间学会了游泳，这样在发生意外时能够进行自救。前者呢，只寄希望于河流有一天干涸，于是他每天都在睡觉，等河流干涸。直到后者的大船已经造好了，准备重新起航，前者还在闲适地晒着太阳，嘲笑朋友的愚蠢。后者并没有因为朋友的挖苦和讽刺而生气，而是在临行前告诉朋友："不可能每件事都能轻易成功，但如果不去做，则肯定不会成功。"最终，后者驾驶着亲手制造的木船抵达了彼岸，而前者始终没有等到河流干涸。

不管多么美好的设想，假如不能切实展开行动，最终会变成苍白乏力的空想，并导致人生止步不前，永远也没有可能获得成功。相反，当机立断开始行动也许会导致失败，但是通往成功的彼岸，唯有这一条路能够行得通。任何时候，都不要在距离幸福只有一河之隔的地方停留下来、无所事事地休息。唯有即刻启程，幸福才会向你招手。

抓得住机遇，才能把握好人生

众所周知，好的机会久等不来，转瞬即逝。其实，在很多朋友都抱怨机会难得时，人生之中还是有很多机遇的。当然，机遇到来的方式多种多样，守株待兔的人偶尔也能得到机遇，但是这样的机遇少之又少。更多的时候，我们必须主动出击，创造机遇，才能成功地把握机遇，主宰人生。

毋庸置疑，机遇对于一个人的成功起到重要的决定作用。古人云，天时地利人和，其实说的就是机遇到来的必要条件。假如一个人能力很强，准备工作也进行得非常充分，但是始终得不到机会表现自己，那么他就会被埋没，无法展示自己的才华和能力。就像神机妙算的诸葛亮，草船借箭的时候，哪怕准备完全，也必须等到大雾漫天，才能借助于浓雾，借来一船又一船的箭。这浓雾，就是诸葛亮千载难逢的好机遇。当然，这是大自然赐予的机遇。现实生活中，我们无法像诸葛亮一样做到神机妙算，更不可能精确掌握环境完备的时间，再加上我们需要的机遇并非大自然所能提供的，所以，我们除了被动地等待外，更要主动创造机遇，及时抓住机遇。

机遇并不会大张旗鼓而来。在生活和工作中，我们一定要细心，才能通过认真细致的观察，找到机遇出现的蛛丝马迹，从而作好准备，迎接机遇的到来。人们除了会因为粗心或者准备不够而错失机遇，还有些人即使面对机遇，也会因为瞻前顾后而无法抓住机遇。当然，未雨绸缪、思虑周全，这也是完全有必要的。但是，如果面对机遇时瞻前顾后，始终拿不定主意，导致放弃千载难逢的好机会，就无异于放弃了自己的人生。遗憾的是，现实生活中有很多人习惯于放弃机遇，在机遇面前徘徊不定。他们或者是因为害怕，或者是因为欲望太多，导致不能在短时间内作出取舍。所以，我们除了要让自己鼓起勇气、勇往直前外，还要端正心态、懂得取舍之道，这样才能最大限度地发挥自身的主观能动性，抓住机遇，创造辉煌的人生。

三国时期，15岁的诸葛亮为了躲避战乱，和家人一起离开老家山东，隐居到湖北襄阳。17岁时，诸葛亮隐居在隆中，那里位于襄阳城西。他虽然年纪不大，但是胸怀大志，时常以春秋时期大名鼎鼎的政治家管仲自比。他一边在隆中隐居，一边亲自耕种，还用大量时间读书，静观天下之变，只等待合适的机会出山。为此，人们都赞誉他为"卧龙"。

汉末，军阀混战，曹操势力强大，占据中国北方；孙权占据江东，势力略逊于曹操。除此之外，刘表、刘璋等军阀也各占一方，刘备虽然也有自己的军事集团，但是他数次被曹操打败，没有自己稳定的统治区域，只能不停辗转，打游击战。为此，刘备求贤若渴，去隆中三顾茅庐，请诸葛亮出山辅佐自己成就霸业。见到刘备之后，诸葛亮分析天下时局，有针对性地提出策略，这就是历史上赫赫有名的"隆中对"。刘备三顾茅庐，对诸葛亮诚意十足；诸葛亮也借此机会出山，成就自己。

果然，在诸葛亮的大力辅佐下，刘备联合孙权一起对抗曹操，在赤壁大败曹操，从而趁机夺取荆州，占领四川，攻下益州，由此形成魏、蜀、吴三国鼎立的局面。

对于刘备三顾茅庐，如果诸葛亮始终推托，那么，不但刘备无法成就大业，诸葛亮也会继续隐居隆中，没有舞台施展自己的才华和能力。可以说，刘备的三顾茅庐不仅成就了自己，也成就了诸葛亮。因此，一旦发现机会出现在眼前或者来到身边，我们就要毫不迟疑地抓住机会，施展自己的才华，让自己出类拔萃。否则，随着时间流逝，人才辈出，即便你想出人头地，难度也会加大。

在面对机会的时候，我们当然要慎重思考、思虑周全。但如果确认眼前的机会千载难逢，我们一定不能犹豫，而要坚决果断，在第一时间作出选择。否则，如果我们习惯了放弃机会，也就相当于习惯了放弃自己，那样的人生必然默默无闻，根本没有任何值得炫耀和赞赏的成就可言。

乐于付出，不求回报

生活中，很多人都愿意付出，因为给予比索取更快乐。然而，很多人付出之后都并不快乐，究其原因，是因为内心的计较。从人的本性上来说，很多人在付出之后，都希望得到相应的回报。这种回报，或者是物质上的，或者是精神上的，有的时候，甚至仅仅是语言上的。就像在拥挤的北京，每当上下班高峰期的时候，地铁上一座难求。很多好心人会把座位让给有需要的老人、孩子或者体弱病残者。然而，有些人在得到座位之后，理直气壮地开始享受这份安逸，根本就没有意识到或者彻底忘记了自己应该说"谢谢"。如此一来，让座的人怎么会高兴呢？结果就是，他们好心好意地让座之后，非但没能得到感谢，反倒被破坏了心情。如果不奢求别人的感谢呢？你让座，是因为你觉得自己应该让座，你心地善良，不能眼睁睁看着需要座位的人站在自己身旁。所以，你让座了，心安理得。如此想来，为何还要纠结得到帮助的人是否说"谢谢"呢？这样的纠结不会对别人造成任何影响，只会让你心生不悦。真正的付出，是心甘情愿的付出，在付出的同时自己已经得到了心安。所以，真正的付出是不求回报的。

赠人玫瑰，手有余香。很多时候，善念的传达并非是简单的对等关系，真正的大爱是陌生人之间的传承。我帮助了你，你帮助了他，他又帮助了她，这样世界才会充满爱。很多时候，一点点微不足道的付出，就能温暖他人的心灵，何乐而不为呢？生活中没有那么多轰轰烈烈的大事，我们作为普通人，能做的就是些力所能及的小事。人是群居动物，每个人都必须在人群中生活、工作，没有人能够完全做到独立世外。所以，或早或晚，我们会因为"蝴蝶效应"感受到他人对我们好意的回馈。退一步来说，当你把玫瑰送出去的时候，你的手上还留有玫瑰的香气，那还奢求什么呢？感恩和爱，是人类应该代代相传的美好品质。

活着，从来就是一件复杂的事情。人们在感受生活的喜悦时，也在被动地接受生活的磨难。当我们尝尽人生的艰辛时，我们不应该变得吝啬，而应该变得慷慨。对于那些正在和曾经的你一样遭受生活磨难的人，一点点的帮助，就会让他燃起生的希望和勇气。人与人之间，原本就应该相互帮助、彼此扶持。也许，现在的你已经意识到应该手背向上，施予别人。这只是做出了第一步。要想得到付出的快乐，你还应该学会付出，且不索求回报。在付出的时候，你已经享受到心灵的满足和愉悦，这就是命运赐予你最大的回报。只要拥有一颗不计较的心，拥有开阔如天空的胸怀，你的人生必定能够与快乐相伴。

付出，要想收获快乐，就不要奢求回报。只有不求回报的付出，才能让我们得到付出的快乐。人和人之间，并非只是简单的对等关系。即使没有回报，人们依然乐于付出，这才是真正的大爱。

第07章 做自己喜欢的事，让这一生不虚度

你了解真正的自己吗

当清晨从睡梦中醒来，睡眼惺忪地对着镜子洗漱时，你是否会有一刻感到镜子里的人如此陌生呢？虽然这个人就是你自己，是你整日为伴的身体，是你刚刚苏醒的灵魂，但是你一定有那么一刹那会感到非常陌生。别担心，这种陌生感并不反常，而是再正常不过的了。对于任何人而言，如果说这个世界上有个最熟悉的陌生人，那么一定是自己。很多人都自以为很了解自己，殊不知，不识庐山真面目，只缘身在此山中。我们虽然与自己朝夕相处，从不曾有过片刻的分离，但是真的有很多人不了解自己。

现代社会，人们的功利心越来越强，有无数人渴望获得成功。他们或者参加成功学培训班，或者阅读关于成功学的书籍，一心一意地只想迅速获得成功。遗憾的是，他们反而很难成功，甚至离成功越来越远。这是为什么？因为他们渐渐远离了自己的本心，而一味地想要模仿他人的成功，甚至照搬他人的经验，最终导致东施效颦、贻笑大方。

在你自以为了解自己的时候，不如扪心自问：我真的了解自己吗？当你认真地盯着镜子看时，你可能会发现你对镜子里那个人的脸都感到很陌生。你的眼睛什么时候变得这么空洞？你的鬓角什么时候多出了几根白发？你不禁摇头：这真的是我吗？时光匆匆而过，我们每天都在与时间赛跑，根本无暇顾及自己容颜的变化，更没有时间清理自己的心灵、整理自己的思绪。最终，我们遗失了自己。对于现代人而言，要想获得成功，要想获得幸福，最重要的就是不要再跟在别人身后盲目地奔跑，而要努力地找回自己，问清楚自己的内心：我想要什么？我想得到什么？我认为什么最重要？也许，答案并不是成功。

很久以前，有个人雇了一辆非常结实、美观的马车，还请了一个驾车技术高超的车夫，准备从魏国出发去楚国。因为旅途漫长，所以他准备了充足的盘缠，还带了很多食物。接下来，他就义无反顾地朝着北方出发了。尽管车夫很熟悉路线，但是他根本不听车夫的建议，只命令车夫一路驾车往北。后来，有个路人看到他，问他去哪儿，他说去楚国。路人笑着说："你赶快调转车头吧！去楚国应该往南走，你怎么朝着北方去了呢！"他不以为然地说："没关系，我的马跑得很快！"路人着急地牵住他的马，说："你的方向错了，马跑得越快，你就离楚国越远啊！"他依然执迷不悟，说："多花点儿时间也无所谓，我带足了盘缠，不会忍饥挨饿的。"路人着急了，说："就算你带足了盘缠，但是你的方向错了，你的路费全都白花了呀！"他有些厌烦了，大声呵斥路人："你这个人真是多管闲事啊！我的车夫驾车技术高超，不管道路多么难走，他都能保证安全。"路人苦笑着说："就算你的车夫技术好，但是你也得保证方向正确啊！你到底想去哪里呢？如果你真的想去楚国，你就必须马上调头。"看到他如此固执己见，也不听劝告，路人无可奈何地松开马的缰绳，就这样，他继续让车夫驾驶马车往北驶去。然而，这样南辕北辙，他永远也到不了目的地。

故事中的魏国人一心一意地想去楚国，却走错了方向。虽然热心的路人为他指出错误，他却充耳不闻，只知道吹嘘自己的马车非常结实，车夫的技术非常高超，而且拥有充足的盘缠。看到他一意孤行，路人只得无可奈何地由他去了。可以想象，这个魏国人的条件越好、速度越快，也就离自己的目的地越远。人生也是如此，不管做什么事情，我们都应该首先看准方向。如果我们不了解自己真正想要的是什么，就随便选择一个方向狂奔而去，那么我们一定会离目标越来越远，直到最后迷失方向。而且，随着我们奔跑的速度越来越快，我们实现人生目标的可能性也就越低。因为在方向错误的前提条件下，有利条件全都摇身一变，成为不折不扣的不利条件。

人活着，就一定会有欲望，有对人生的憧憬和渴望。无论关于金钱还是名利，我们奋斗的终极目标其实都是为了得到梦寐以求的幸福。如果我们尚未弄清楚自己的内心真正想要什么，就投入宝贵的生命去追求，那么也许最终会是竹篮打水一场空。这就像是奔跑的时候一定要向着终点一样，我们的付出也要有明确的目标。从现在开始，不要再随大流地奔波忙碌了，当你知道你想要什么，你距离成功和幸福也就更近了一大步。

第07章 做自己喜欢的事，让这一生不虚度

人生并不能只追求结果

现代社会，人们常常会抱怨，"活着真累"。而人为什么活得累？实际上就是因为想要的东西太多。情感、物质、名利，不但要拥有，还要拥有最好的。但是，追求无止境，好不容易得到了，却又这山看着那山高。于是乎，生活还得追求，还要奋斗。这样做好不好呢？当然好。人如果没有了追求，岂不成了行尸走肉！但凡事皆有度，如果让人生中只有对一个个结果的追求，而忽视了享受过程，那就本末倒置了。毕竟，不是每个人都能成为比尔·盖茨，也不是每个人都能成为商界精英、政界豪客。所以，要想活得轻松，就得学会放下。放下无止境的追逐，放下永不知足的欲望，如此，你收获的就是一颗平常心，一份淡然的快乐！

在物质财富极大丰富、文化多元的现代社会，人们的需求不断膨胀，很容易在对目标的盲目追求中逐渐迷失自我，像一艘失去航向和动力的大船，或远离航道，或停滞不前。直到事过之后才清醒，却只有追悔莫及，抱憾终生。可悲的是，现实生活中的

一些人，总是不顾现实，他们总有无止境的欲望，于是，他们反而在这所谓的追求中失去了原本快乐的自我。

可能你曾经有过这样的经历：

很多年前，你过着贫穷的生活，买不起这、买不起那，甚至食不果腹。那时，你告诉自己，一定要成为世界上最幸福的人。在憧憬中，你可能不知不觉为自己今后的幸福树立了目标：

第一，买一套自己的住房和一辆车子。

第二，开一家自己的小公司，有几个甚至几十个人听从自己的指挥。

第三，娶一个贤惠美丽的妻子，再生一个可爱的孩子。

第四，存款达到未来十年衣食无忧的数额。

可能这四种幸福的向往，会在后期的工作和生活中一一实现，可你真的感到幸福了吗？你是不是觉得自己依然每日在不知所措的情况下活着，是不是觉得自己的目标还没有实现？那些短暂的喜悦过后，你是不是依然觉得自己所有的努力和奋斗并不能真的让你感受到快乐？

对此，你是否思考过：如果你没有那么多的追求，懂得享受当下的幸福，那么，又会是什么样的心情呢？

生活中缺少的不是美，而是发现美的目光。同样，生活中并不缺少幸福，只是人们不懂得放下无止境的追求。因此，我们要保持一颗平常心，学会享受阳光雨露，提高自己对幸福的敏感度。

人们常说"欲望无止境"，的确，尤其是对物质、荣耀、名利的追求，更是无穷无尽，而这很可能会让我们迷失自己。保持一颗平常心，拿捏好分寸，才能得之淡然、失之坦然，才能合理地节制自己的欲望。

保持一颗平常心，是人生的一种智慧。有一颗平常的心，才能正视现实；接受平凡，才能收获一份最本真的快乐。

当然，我们要摒除对目标的无止境追求，并不是说我们应该摒弃梦想、甘当平庸之人，而是要让我们在追求目标的过程中懂得珍惜当下、体味幸福。那么，我们如何能做到在追求目标的同时不迷失自己呢？

1. 树立正确的人生态度

人生态度，是贯穿于人的一生的，它具体表现为人们对于人生所遇到的每个问题的态度，这种态度决定了人们的行为。当然，人们的人生态度不同，在人生的每个阶段上的态度也有所不同，但正是因为人生的态度不同，才有了不同的人生结果。

一个人只有拥有正确的人生态度，才能正确处理好人生道路上的种种问题，才能获得成功、圆满的一生，否则，他不仅会在具体问题上失败，一生也难以有一个好的结局。

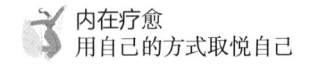

2. 坚信自己的梦想

孔子曾说过一句很有名的话:"富与贵,是人之所欲也,不以其道得之,不处也;贫与贱,是人之所恶也,不以其道得之,不去也。"意思是:富贵是每个人都想要的,但如果不是用光明的手段得到的,就不要它。贫贱是每个人所厌恶的,但如果不是以正大光明的手段摆脱的,就不摆脱它。也就是说,我们每个人都有追求成功和幸福的权利,但不能让自己的人生充斥着对各种目标的追求,否则,我们只会失去最简单的快乐。

第08章
始终坚持自我,真实地面对自己的生活

正视短板，发掘优势

很多人都曾听说过"木桶理论"，即一个木桶能盛多少水，并非取决于它最长的那块板，而是取决于它最短的那块板。木桶理论自从被提出后就很盛行，人们也从木桶理论联想到自身，因而纷纷主动给自己补足短板，因为他们觉得短板决定了自身优秀的程度。然而，虽然木桶理论与人才发展理论有着很多微妙的关联，但是生搬硬套地把木桶理论用于我们自身的发展，显然是不合适的。每个人天赋都是不同的，有的人天生擅长某一领域，而有的人却天生在这个方面存在短板。如此一来，倘若我们一味地想要改善自己的缺点和不足，因而忽视了对于优点和长处的发扬光大，无异于舍本逐末。人的精力是有限的，用在某一方面多一些，那么用在其他方面就会相应减少。举个最简单的例了，一个孩子如果非常擅长数学，而对语文却一窍不通，那么，倘若他把所有的课外时间都用于提升语文的水平，则最终他的语文成绩依然很难有大幅提高，反而数学成绩也会受到拖累，有所下降。在这种情况下，与其让孩子一味地补习语文，不如让孩子更好地发挥数学的天赋，语文只要不拖后腿即可。由此可见，人们补足短板与木桶补足短板还是有很大不同的，必须要区别对待、因人而异。

类似的事例还有很多，例如：臧克家数学也是零分，最终却成为优秀的文学家；季羡林当初的数学成绩也很差，但是依然成了著名的历史学家和文学家……由此可见，决定我们人生成就的并非是我们的短板，而是我们的核心竞争力、我们的长板。和弥补短板相比，更重要的是发现人生的长板，这样才能发现自己的长处和优势，从而帮助自身取得长足的发展。

第08章　始终坚持自我，真实地面对自己的生活

丑小鸭也能变成白天鹅

人呱呱坠地时，一切都要依靠父母，才能健康快乐地成长。然而随着渐渐成长，孩子开始拥有自己独立的思想和自主意识，他们不愿意继续一味地听从父母的安排，而是想要更加独立自主，拥有属于自己的人生。在这种情况下，父母渐渐放手，人们不得不独自面对人生的坎坷和挫折。尤其是当遭遇困境时，有勇气的人能够破茧成蝶，从丑小鸭变成白天鹅；缺乏勇气的人则会自暴自弃，最终失去美好未来。

也许有人会说，有谁不能接受自己呢？每个人不是都应该悦纳自己，并提升自己的吗？其实不然。生活中有很多人都不相信自己，因而现代社会，缺乏自信的人也屡见不鲜，整容的人越来越多。古人云，身体发肤，受之父母。只要我们悦纳自己，即便我们不够美丽，也依然能够绽放出独特的神采。然而，丑小鸭变成白天鹅并非那么简单的事情，也需要漫长的过程。最重要的在于，一个人只有认可自己、充满自信，才能最大限度地发挥自身的能力，让自己由内而外焕发出神采。假如

一个人总是自卑、自轻自贱、怀疑自己，那么，他无论如何努力，都不可能成为白天鹅。

每个人都应该成为人生的主宰，即便别人再怎么指手画脚，我们也不能把自己的人生让给他人做主。我的人生要由我来做主，当我们豪情万丈地说出这句话时，还需要后期付出极大的努力，且需要人生承受更多的历练和磨难。总而言之，丑小鸭必须具备成为白天鹅的勇气，并相信自己能够成为白天鹅，它才有可能真的变成白天鹅。否则，从内心深处首先否定了自己，还何谈成功的可能性呢！

朋友们，一个人无论多么接近完美，都无法博得所有人的赞赏和喜爱，这是因为每个人都有自己独特的审美和评判标准，即使面对相同的事物，每个人也会提出与众不同的见解。既然如此，我们与其迎合他人迷失自己，不如坚定不移地做好自己，并以自己的真实面目和个人特色，最终给人留下深刻的印象。归根结底，我们无须过分在意他人的看法。然而，我们的人生是属于自己的，而不是活给别人看的。悦纳自己，相信自己，才能让我们距离梦想中的人生越来越近，才能帮助我们从丑小鸭变成白天鹅。

不完美的自己也很好

这个世界上没有绝对完美的事物，也没有绝对完美的人。一次完美的生命历程只能是奢望。我们要调整好心态，接受自己只能无限接近完美，而不能拥有绝对的完美。过分追求完美不但求之而不得，还会影响人们的心情，当因为不完美而变得内心焦躁不安时，一切都会变得面目全非。为此，每个人都要调整好自己的心态，这样才能渐渐地从不完美走向接近完美，最终让人生以自己期望的样子出现。

很久以前，有个圆圈失去了一个角，变得不再完整。为了找回失去的那个角，圆圈四处奔波，只想尽早让自己恢复完美。然而，圆圈找啊找啊，找了很久也没有找到丢失的角。不过，在寻找角的过程中，它因为不完整而滚得很慢，也借此机会看到了很多美丽的景色，有时间去思考人生的意义。后来，圆圈终于找到了自己丢失的角，它很高兴，当即把角复原，让自己成为完整的圆圈。没想到，如此一来，圆圈在下坡的时候根本刹不住车，居然就那样咕噜咕噜滚下来了，连山坡上有只什么小动物在吃草都没看清楚。圆圈感慨万千：原来过于完美也不是一件好事情，跑得太快就没有办法欣赏美景了。

现实生活中，很多人也和故事中的圆圈一样，总是觉得自己不够完美，因而总是想方设法追求完美。殊不知，完美对于每个人来说未必都是好事情，过分完美会让生命变得匆忙，也就没有时间思考自己的生活，更没有机会欣赏生命历程中一去不返的美丽景色。既然如此，就不要着急追求完美。在生命之中，得到和失去原本就是互相转化的，得到也是失去，失去也是得到，每个人都要学会接纳不够完美的自己，悦纳自己，学会接受生命中的残缺，让自己坦然面对人生。

从心理学的角度而言，很多人之所以感到苦恼，并非是觉得人生不够完美，而是因为内心深处始终对人生怀有遗憾。人生的很多苦难都是因为误解才存在，如很多人都误以为只有好好表现，让自己十全十美，才能得到他人的认可。毫无疑问，他们是因为活在他人的眼光里，所以才让自己变得非常痛苦，无法自处。要想改变这种局面，最重要的就在于调整好心态，从而让自己从容接受生命中意外的惊喜或者变动。毋庸置疑，没有任何人能够改变生命的历程，最重要的是在于要调整好内心的状态，才能兵来将挡，水来土掩，淡然面对人生。

现实生活中，每个人对于人生都有自己的设想，有人觉得人生一定要获得成功，有人觉得人生应该岁月静好。总而言之，每个人对于人生的态度都是截然不同的，然而，无论如何，人生都不会完全顺从人们的心意，呈现出人们所期望的样子。人生的不足，就像一块美玉上面的微小瑕疵一样，我们必须摆正心态、从容接受，才能让人生更加顺遂如意。

此外还需要注意的是，一个人无须过分在意他人的看法和想法，否则，一味地活在他人的标准之中，将会非常疲劳和辛苦。记住，这个世界上根本没有所谓的完美，唯有从容理性地面对人生，才能知道什么是美好、什么是不足。拥有一颗平常心，对于人生而言是最大的幸运。因为只有怀着平静的心态面对命运的磨难，才能真正超越心中的藩篱，走过人生的困境，让人生更充实自由，并拥有更多的机会获得成功。

人生不是一场游戏，没有重来的机会。人生的现状是无法改变的，你可以想尽办法推动人生向前发展，却没有办法让人生回头。既然如此，就让我们坦然接受命运的馈赠吧，无论如何，一切都是命运最好的安排。蓦然回首，你将会感谢这段人生的经历，也会从中受益匪浅。对于不完美，一定要调整好心态，不要心怀抵触。只有接受不完美的存在，悦纳残缺的人生，一切才会朝着好的方向发展。

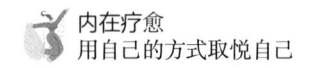

常常给人生做减法

我们这一生做了太多的加法，从呱呱坠地时的一张白纸，变成了五彩斑斓的涂色板。毋庸置疑，每个人都想得到更多，也急于填满内心深处所有欲望的沟壑，遗憾的是，人的心是永远也不知道满足的，我们唯有学会做人生的减法，才能给人生减负，才能更好地确定我们人生的目标，使得目标更加精准，不至于因为欲望的拖累而忘却初心、失去方向。

马斯洛提出的人类的需求层次理论认为，人的需求就像一个金字塔。我们每个人关于人生价值的认知也是有金字塔的，唯有更好地建筑这个金字塔，我们才能让人生的目标更加明确，并使我们奔跑的方向更加确凿无疑。然而，在物欲面前，很多人都迷失了本心，不知道自己真正想要的是什么。尤其是在各种纷繁复杂的欲望面前，我们的人生变得越来越累赘，在这种情况下，不如从人生的加法暂时改变成人生的减法，也许就能更加看清楚自己的内心。曾经有一位大学教授让学生们在一张纸上写下自己认为是人生中最重要的东西，学生们全都运笔如飞,不停地写,等到他们都写好之后,教授又让他们一样一样划去那些他们认为能够舍弃的东西。在刚开始时,学生们划得都很轻松,毫不犹豫,但是等到最后,有些学生居然情不自禁地哭了起来,因为取舍实在是太难了。这就是人生的减法,我们必须知道哪些是可以舍弃的,哪些是即使失去生命也不能舍弃的,如此我们才能避免在人生中总是走弯路,帮助我们更好地面对未来。

还有多少现代人能够做到清心寡欲呢?大多数时候,我们的心被欲望填满,根本无法轻松自如地行走人生,更难以顺利地抵达目标。不仅是在生活中,我们在工作中也同样面临着各种各样的诱惑,还要不断经历纠结的选择。正因如此,我们更需要建立人生的价值金字塔。很多时候,也许对于他人没有价值的人和事,对于你恰恰是极富价值的,因此,我们不能人云亦云,也不能盲目地随大流,唯有整理好自己的思路,我们才能恰到好处地做好人生的功课,让自己的人生条理清晰、秩序井然。

一直以来,熊敏以为自己已经变成了铁石心肠的人,毕竟现代社会是如此残酷,压力倍增,能者生存,她早已没有了闲情逸致,内心也渐渐长出了一层厚厚的壳。尤其是她所在的销售行业,更是充斥着各种各样的竞争,同事之间利益关系非常复杂。为此,熊敏常常觉得心力交瘁,因为她完全是在承受双倍的压力,一个是工作上的,另一个则是同事关系上的。尽管如此,她依然艰难地熬过了初入工作的那段日子,如今的她已经是公司里的金牌销售,大家对她都十分尊重。

　　一个偶然的机会,熊敏得知一家公司的大老板要采购一批建材,因此她马上前去拜访。在闲谈的机会中,熊敏得知公司里已经有位新来的业务员和这位老总联系过了,因而她不免有些犹豫。曾经也是新人的她,当然知道能够联系上一个准客户是多么不容易,然而她又想:这种工作原本就是凭本事吃饭,那个新人肯定拼不过我。想到这里,她笑着对老总说:"张总,您看,我不是大言不惭,我是公司的金牌销售,如果您从我这里采购,我一定给您争取更多的优惠,而且能保证在您需求量大的情况下供货不受任何影响。您看如何?"这个条件显然使老总怦然心动,对他而言也无所谓非要从谁那里成交,只要能够给自己便利就好,为此他马上就答应了熊敏:"你去帮我把价格谈到最低,我马上签约。"就这样,熊敏凭借着与上级的关系,很快就争取到一个最优惠的价格,成功拿下了订单。而那个新来的小姑娘却因为没有在规定时间完成销售任务,最终没有通过试用期。看着小姑娘离开公司时失落的眼神,熊敏不由得愧疚起来,原本她以为这件事情很快就会过去,结果却始终横亘在她的心里,让她无法释怀。最终,熊敏找到上司说明情况,她又亲自去找那个小姑娘,挽回了小姑娘的工作，这才稍感心安。

一个人不论怎么变，心中都会有底线的。尤其是在现代职场竞争激烈的情况下，我们唯有坚持做人的原则和底线，才能让自己问心无愧。事例中的熊敏之所以始终不能心安，就是因为她还没有那么坏，也知道不能为了自己的私利损害一个无辜的小姑娘。为了求得良心安宁，她向上司说明了情况，同时也挽回了小姑娘的工作。

尽管我们为了争取利益可以作出很多让步，甚至自己也付出很多，但是我们必须坚持做人的原则和底线，这样才能让自己问心无愧。否则，一旦我们彻底做错了，再想挽回就会很难。也只有做好人生的减法，我们才能更加清楚自己的内心，并知道自己真正想得到的是什么。就像一棵大树，即使枝繁叶茂，假如根是歪斜的，也无法迎接风雨的挑战。我们唯有稳扎稳打，以做好人为基础，才能谋求人生更加宽阔的天地。

走到哪里，都不要忘了梦想

每个现代人都承担着巨大的压力，也面临着各种各样的诱惑。我们对于生活的期望太多，却在努力的过程中渐渐忘却了梦想，终日陷入无端的抱怨之中，由此进入恶性循环，最终失去了自己既定的目标，在生活的欲海中浮浮沉沉。不得不说，现代人虽然思想更加开放和活络，却缺少定力，总是很容易就改旗易帜，调转船头，不知驶向何处。

有一点不容怀疑，那就是，每个人的人生都不会一帆风顺。在面对人生的诸多苦难时，我们或者选择坚强面对，或者选择见风使舵，随机应变，顺势而为。总而言之，我们不能与命运针锋相对，而只能以巧劲改变命运，从而使自己的人生更加顺遂。然而，在妥协和退让中，我们也绝不可以习惯了软弱。前文说过，一个人不应该放弃梦想，不管年纪几何。现在我们也要说，一个人不能忘却初心，不管遭遇多少艰难坎坷。也许有的时候退一步的确能够海阔天空，但是更多的时候，我们唯有坚强地面对，才能更加清楚自己的内心中，到底什么是值得保留的，什么又是应该放弃的。

当然，妥协并无可指责，有的时候我们仰首是春、俯首是秋。但是，即便我们偶尔向着命运低头，也应该牢记自己的本心，不要因为一时的妥协就忘记远方风雨兼程的目标。曾经我们以为得到了很多，殊不知那一切都是命运冥冥之中的安排，得到有的时候恰恰意味着更多的舍弃。因此，我们必须牢记一个道理：人生不是用来妥协的，我们越是退缩，也就越容易形成退缩的习惯。生活也不是用来将就的，当我们昂首挺胸，有时反而能够得到命运意外的馈赠。虽然我们不能自视甚高，但是也不能总是卑微到尘埃里，幸福既有着人间的烟火气息，也有着超然于物外的清高孤傲。尤其是当退让与尊严息息相关时，我们更应该勇敢地昂首挺胸，在人生中大步向前；当某些事情的处理关系到原则时，我们也必须坚守自己的底线，千万不能轻易退让。

很久很久以前，有一位生活贫苦的牧羊人，以为有钱人放牧羊群为生。有一天，牧羊人带着两个年幼的儿子一起去放羊，他们来到了向阳的山坡上。牧羊人和两个儿子并排躺在山坡上，看着大雁越飞越远。小儿子问爸爸："爸爸，大雁要去哪里？"牧羊人和颜悦色地告诉儿子："天冷了，大雁为了躲避寒冬，要飞去遥远的南方，那里温暖如春。"这时，大儿子羡慕地说："假如我也能生出一对翅膀，和大雁一样想去哪里就飞到哪里,那该多好啊!"小儿子也兴致盎然地喊起来:"我也要有翅膀,我也要当大雁!"这时,牧羊人笑着对儿子们说:"其实人类也是有翅膀的,只要想飞,总有一天,你们肯定也能飞到天空中。"

两个儿子从草地上爬起来,站在阳光下挥舞着胳膊,跃跃欲试。然而,他们不能飞。牧羊人看着儿子们失望的眼神,说:"让我试试吧,我应该能飞起来。"说完,牧羊人张开双臂努力上下挥舞,最终也以失败而告终。但是,牧羊人坚定不移地告诉儿子们:"我太老了,翅膀无力了,你们还小,只要你们继续努力,将来一定能够飞到任何地方。"两个孩子牢牢记住了父亲说的话,从此之后,他们始终牢记着飞天的梦想。直到哥哥36岁、弟弟32岁的一天,他们终于发明了飞机,如愿以偿地飞到了天空中。他们就是莱特兄弟。

在这个事例中,牧羊人虽然贫穷,但是精神上非常富足,面对孩子们的飞天梦想,他没有当即否定,而是小心翼翼地把这个梦想栽种到孩子们的心中,让孩子们从小到大始终牢记着这个梦想,一刻也未曾忘却初心。正是因为这样的坚定执着,莱特兄弟才能在长大成人之后完成心愿,也令人类飞天梦想的实现跨越出实质性的一大步。

每个人都行走在通往梦想的路上,有些人之所以实现了梦想,是因为他们从未忘却初心,始终牢记着梦想,一刻也不曾放弃对梦想的追求。有些人之所以在实现梦想的道路上渐渐偏离、渐行渐远，就是因为他们遗忘了初心，已然无法找到最初的自己。朋友们，不管我们走在哪里，也不管我们选择了怎样的道路，梦想就在那里，等着我们去寻找和实现它们。既然如此，就让我们怀揣着梦想上路吧，只有不忘初心，我们才有可能创造属于自己的辉煌人生。

第09章

内心平和的你,值得被这个世界温柔以待

原谅别人也是放过自己

人生苦短，幼时不知世故、青葱茫然四顾、青年为前程奔波、中年为生活所累，春去秋来老将至，病痛又不邀而至……我们的一生始终忙忙碌碌。而在这短短的人生旅途中，有多少人心怀怨恨地生活着？不是怨恨同学，就是怨恨同事或是亲朋，他们的胸膛里都是熊熊的怨恨之火。有时候，一丁点的小矛盾引发的怨恨甚至会导致严重的冲突。我们每个人，只有抛掉这许多的怨恨，以博大的胸怀去宽容别人、原谅别人，才能达到一种理想的人生境界。

的确，人生在世，孰能无过？我们总是在埋怨、记恨他人，心里总是有解不开的结。然而，如果你想拥有一个成功的人生，就要学会原谅别人的错误，别让埋怨埋葬了你。不原谅的本质是，用别人的错误来惩罚自己。原谅别人正是爱惜自己的做法。

有一天早上，在一所寺庙里，一位法师正好要开门出去，恰巧一个彪形大汉闯进来，狠狠地撞到了法师的身上，并撞碎了法师的眼镜。谁知，这个大汉非但没有说道歉的话，反倒说："谁叫你戴眼镜的？"

令大汉奇怪的是，法师非但没有生气，反而笑了笑，不语。于是，大汉问："喂，和尚！为什么不生气呀？"

法师向大汉解释道："为什么一定要生气呢？生气既不能使眼镜复原，又不能让脸上的淤青消失、苦痛解除。再说，生气只会扩大事端，若对你破口大骂或打斗动粗，必定会造成更多的业障及恶缘，且不能把事情化解。"随后，法师继续说："若我早一分钟或迟一分钟开门，都会避免相撞，或许这一撞就正好化解了一段恶缘，我还要感谢你帮我消除业障呢！"

大汉听完这一番话后，十分感动。后来，他又问了许多相关的问题，并请教法师的称号。在法师的一番教导之后，他若有所悟地离开了。

很久之后，一天法师接到了一笔汇款，正是那位大汉汇的。

大汉为什么要给法师汇钱？原来，事情是这样的：大汉在读书时，不知勤奋努力，毕业之后，从事的工作也一直高不成低不就，十分苦恼。结婚后，因为不善待妻子，婚姻生活也不幸福。有一天，他上班时忘了拿公文包，中途又返回家去取，出门时被一个低头赶路的男子撞了一下，大汉刚想破口大骂，不料，那男子惊慌地抬起头时，脸上的眼镜掉了下来，瞬间，他想起了法师的教诲，使自己冷静了下来。

现在他的生活很幸福，工作也得心应手了，妻子也觉得他变了一个人。因此，他特意汇来五千元钱，一方面为了感谢法师的恩情；另一方面也请求法师为他们祈福消业。

法师的宽容让大汉有所觉悟，教会他用一颗宽容的心去对待别人。宽容是一条环环相扣的纽带，让我们彼此相连，让我们认清彼此、珍惜生命。宽容不仅需要"海量"，更是一种修养促成的智慧，事实上，只有胸襟开阔的人才会自然而然地运用宽容。

日常生活中，令人烦恼的事情时有发生。不经意间，烦恼便会突然出现在你面前，使你感到不快、厌烦，有时还有可能在你的心灵深处造成重创，甚至威胁你的生活。你该如何面对这些呢？

1. 换位思考，理解他人

同是一朵花摆在面前，会有"花谢花飞花满天，红消香断有谁怜"的感怀，也会有"落红不是无情物，化作春泥更护花"的深刻。同是一轮明月挂在夜空，张若虚会吟出"江畔何人初见月，江月何年初照人"的思索，李太白会叹出"床前明月光，疑是地上霜"的乡愁。你能苛责寄人篱下的林妹妹的伤怀？你能否认落红护花的事实？你能责怪张若虚是无病呻吟？

你能不屑太白的思乡之情？恐怕都不能。同样，对于他人的过错，在我们看来，可能令人无法原谅，但如果我们站在对方的角度考虑，可能就会发现，原来对方也是事出有因。

2. 把注意力从别人的错误上移开，转而关注自己内心的感受

其实，我们都清楚，是否原谅别人，只会对我们自身产生影响。若不肯原谅，我们会变得愤懑、痛苦，而对方却没有这样的感受。如果我们懂得爱惜自己，那么，就要懂得原谅，生气其实就是对自己的一种折磨。是否原谅，表面上看是包容和胸襟的问题，其实，它是一个懂不懂得自爱的问题。在人生中，我们多少会受到别人的欺侮、伤害、冤枉，对此，我们不应再自己伤害自己。

从另一个角度来说，对于犯了错但已经悔过自新的人，如果不懂得宽容他们，而是继续以责备的眼光看待他们，给他们贴上"罪人"的标签——全盘否定别人的同时，你又得到了什么？选择原谅，情况就可能会循着一条神奇的轨迹转变。当我们改变了，别人也会跟着变。我们改变待人的态度，别人也会调整他们的行为。在我们改变对事物观点的同时，别人也会随着我们做出反应。

有人曾说，世界上最宽阔的是海洋，比海洋更宽阔的是天空，比天空更宽阔的是人的胸怀。宽容是一种高尚的善意，它

能使人换位思考，处理好人际关系。若无宽恕，生命将永远被无休止的仇恨和报复所控制。只有宽以待人，才会得到友善的回报！

只有你知道自己适合怎样的生活

有人说，我买东西都是选最贵的，但是，很多东西买回来才发现华而不实，一直放在那里没有使用。我们常常会发现，最好的不一定适合自己。所以，当你面对选择的时候，一定要选择适合自己的，这才是最明智的选择。

许多年轻人在选择爱情的时候，都会恪守一个原则：选择适合的而不是最好的。其实，在人生中有很多选择，跟选爱情是一样的道理，只有适合自己的才是最好的。在这个世界上，用什么来衡量是好还是坏呢？是人们的眼光还是自己亲身的经历？想必更多的人觉得自己亲身经历的才有说服力吧！那些在别人身上颇显珍贵的东西，如果不适合自己，在自己身上不见得会显得多么珍贵。

汪先生是一个文化程度不高的人，年轻时靠着卖报纸挣了一些钱，然后在亲戚的帮助下开了一家小饭馆。他不怕吃苦，整天辛勤地工作，到处寻找成功的经验。小饭馆在他的精心管理下，生意蒸蒸日上，顾客由一些街坊邻居扩展到了白领阶层,甚至有许多商界中的成功人士也慕名而来。看着那些成功人士穿着满身名牌,谈笑风生,汪先生羡慕不已,他希望自己有一天也能过上这样的生活。

日子一天天过去了,小饭馆变成了大酒楼,过了一两年,还开了分店,汪先生腰包也鼓起来了。他买了名车,买了洋房,把乡下的老婆孩子都接到了城里,过上了富足的生活。因为生意做得比较大,许多商家都慕名而来,自然少不了大大小小的应酬。刚开始的时候,汪先生觉得应酬很新鲜,可以认识那些有品位的人,他们说着一口标准的普通话,他觉得自己再也不是那个什么都不懂的"乡巴佬",而是一位成功的企业家。但是,渐渐地,汪先生发现自己与这个圈子格格不入,自己常年干活的双手长满了老茧,经常被那些人笑话;有时候,面对满口英文的外国人,他根本不知道如何沟通。内心朴实的他不能融入这个圈子,每天的应酬也让他很累。

没过多久,他就带着老婆回了乡下,酒楼的生意让儿子接管,因为儿子学的是工商管理,比自己更有能力。偶尔,他也会叼着旱烟,在酒楼里坐坐,十分惬意地享受一番。

忙碌的应酬根本不适合内心朴实的汪先生,他自己也意识到了。年轻时候的梦想虽然实现了,但那种看似光鲜的生活,原来是不适合自己的。所以,汪先生选择了退隐乡下,种花养

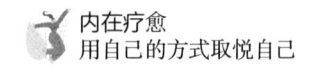

草，这才是自己的生活情趣。

有人喜欢住最豪华的别墅，有人喜欢开最奢华的轿车，有人喜欢做最优越的工作，有人喜欢拿最高的工资……每个人都渴望自己的生活是最好的，因为最好的总是颇显珍贵，而那些太过平凡的则不会受到人们的欢迎。

实际上，那些最好的往往并不一定是最适合自己的。或许，你住惯了小胡同，突然到了别墅里，吃饭睡觉都觉得极不自然；高级的轿车虽然很漂亮，但每次使用都要格外珍惜，好像一点也不适合性格大大咧咧的自己；优越的工作很不错，但压力太大了，自己也承受不了；最高的工资是总裁的工资，也许自己努力一辈子也达不到那个水准。所以，那些在我们看来最好的，往往在实际生活中不适合自己。

有人撞得头破血流，挤上了独木桥，踏上了考公务员的艰辛历程，当他终于经过重重筛选获得了正式的职位，却发现公务员的工作并不适合自己的个性；有的人一路奔波，终于买了房子、车子，却发现每个月的房贷、车贷根本是自己的噩梦。

爱情需要适合自己的，生活需要适合自己的，工作需要适合自己的，这样你才会赢得人生的幸福。如果你选择了一份适合的工作，选择了一个适合的对象，买了一套适合的房子，那么你的生活就是幸福的。

对待任何人与事，都要考虑是否适合，如果不适合，你就可以拒绝，因为强求来的只会是长久的痛苦与磨难。生活中，有多少人以"适合"来作为自己的标准呢？

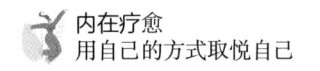

善良的人永远不会被辜负

每个人都要学会与人为善，做一个有爱心的人。有爱心的人是善良的，善良是一种心态，一种为人处世的方式，也有可能是日常生活中无意的行为，但不管做什么事情，那都是他们发自内心的。什么样的人才是有魅力的人呢？或许，有人说漂亮的人有魅力，衣着华贵的人有魅力，年轻的人有魅力，但是，这些外在的魅力都只是暂时的，只有善良的人才会保持永恒的魅力。

别林斯基说："美丽，都是从灵魂深处发出的。"一个人的魅力不仅在于容貌，魅力来自真诚、魅力来自善良、魅力来自温柔、魅力来自自信、魅力来自爱心。而善良与爱心，往往是魅力的精华所在。一个有魅力的人，会通过自己的实际行动来展现自己的魅力，如奉献自己的爱心。一个有爱心的人，通常是不会被人拒绝的，人们看到他动人的外表下还有一颗善良的心，就会对他充满敬佩之情。

一个人，不管他看起来有多普通、多平凡，只要在平凡的外表下有着一颗温暖的爱心，那就是非常令人欣赏的。魅力并不是来自外表的光鲜与美丽，更多的是来自内在。

有爱心的人离幸福最近，他们乐施，却不求回报。表面上看起来很吃亏，但实际上这正是其做人的聪明之处，也是其人格魅力之所在。当然，爱心并不是施舍，也并不是怜悯，爱心需要你以平等的态度付出。有爱心的人，必然会有一颗仁慈宽大的心。

俗话说："送人玫瑰，手有余香。"哪怕只是一件很平凡微小的事情，哪怕如同赠人一枝玫瑰般微不足道，它带来的温馨也会在赠花人和爱花人的心底慢慢升腾、弥漫。有时候，你一个发自内心的小小的善行，就有可能铸就大爱的人生舞台。

一个再怎么漂亮的人，一旦被发现表里不一，也难免会使人心生厌恶之感。而如果你和一个充满爱心的人在一起，你就会感受到一种心灵的洗礼，就会感到这个世界的美好。对人对事，需要与人为善，豁达一些。或是对迷途的人说一句提醒的话，需要或是对自卑的人说一句振作的话，或是对苦痛的人说一句安慰的话……只是一句简单的话，既不需要花费什么金钱，也不需要耗费你多少精力，而对需要你帮助的人来说，却相当于旱天的甘霖、雪中的炭火。

英国文学家切斯特菲尔德说，"用你喜欢别人对待你的方式去对待别人"。每个人都是需要被理解、同情和尊敬的，推己及人，我们在与人相处的时候，就应该适时表现出自己的善良。

第09章　内心平和的你，值得被这个世界温柔以待

你可能并不知道你的生活有多好

生活中，有很多人都对自己所处的环境感到不满意，殊不知，我们其实已经很好了，一切的不满只是源于我们贪婪的内心。至少你平平安安长到这么大，至少你能吃饱喝足，还穿着清爽温暖的衣服，至少你有能力工作养活自己，还有疼爱你的父母、朋友陪伴在你的身边……这一切都是人生的馈赠，也都给予了你感谢生命、感恩生活的理由。

众所周知，只有充满自信的人才能意气风发、斗志昂扬。遗憾的是，总有些人对自己不那么满意，甚至处处看自己不顺眼。不是觉得自己个子太矮，就是认为自己皮肤黝黑，再或者觉得自己胖了瘦了，总而言之自己就是不够好。即便有人想向他们索要一张照片，他们也能够从每一张照片上都挑剔出自己不满意的地方，最终陷入纠结不安之中，难以作出抉择。正是这种自我否定的心理，导致生活中有很多人都出现选择困难症，并且为此深感苦恼。假如我们能够更加坦然从容地接受自己，也悦纳自己的一切优点和缺点，那么我们就不会在选择时

这么艰难,更不会因为害怕自己不够完美而陷入无穷无尽的苦恼之中。

实际上,很多人并不像自己想象的那么差,他们之所以觉得自己很差,都是因为盲目地自我否定。曾经有个小姑娘为了购买一件衣服,整整逛了一天,却仍没有为自己找到合适的衣服。她不是觉得自己手臂太粗不能露出来,就是觉得自己身材太矮小不能穿长款的,或者觉得自己皮肤不够白,有很多颜色都不能选择。在白白浪费一天的时间之后,她不但毫无收获,而且心情郁郁寡欢,根本无法面对这个不够完美的自己。她甚至因此生自己的气,恨不得把自己像泥人一样打碎了重新塑造。这就是否定自己的严重后果,甚至会伤害我们的自信,使我们的内心无比纠结。

一直以来,娜拉都对自己的生活极其不满意,当然,根源是她对自己不满意。高中时期,娜拉沉迷于看小说,成绩下降,因此没有考入理想的大学。虽然她最终就读的大学也是重点大学,但是她一直对此耿耿于怀。

大学毕业后,娜拉还算幸运,原本准备打算回老家工作的她,在车票都已经买好的情况下,突然得到北京一家出版社的通知,让她去报到。因此,娜拉留在了北京,开始了崭新的人生。然而,娜拉所在的出版社里的编辑不是硕士就是博士,只有娜拉一个本科毕业生,最终领导安排她当营销员,常常出差。在一年的时间里,娜拉几乎有半年以上的时间都在四处奔波,不是在出差的路上,就是在出差回来的路上。如此过去了几年,她认识了一个男孩,经过简单接触和了解,两人就结婚了。

这个男孩尽管很老实,却也因为是父母人到老年得来的小儿子,所以从小被娇生惯养,丝毫没有竞争意识,也不想追求上进。刚开始时,因为彼此正处于热恋,娜拉并没有发现男孩的这个致命弱点,直到结婚成家,她才意识到,男孩只要有吃有喝就很满足,没有任何理想和抱负。娜拉不免对生活感到悲观绝望,也因此对于自己和人生都更加不满。后来,他们有了孩子,娜拉依然四处奔波,家里主要靠着丈夫工作之余的清闲时间操持和照顾。

也许是因为七年之痒,娜拉与丈夫离婚,组建了新的家庭。然而,新的婚姻开始之后,娜拉又无限怀念起自己以前的生活。原来,她的现任丈夫不但用情不专,而且对于家庭毫无责任感可言。此时的娜拉追悔莫及,恨不得回到从前,找回曾经的自己,如果可以,她一定会珍惜生活,珍惜爱人,珍惜家庭。

人们总是犯同样的毛病,失去了才懂得珍惜。尤其是那些对自己不满、觉得自己不够好,对于生活也不满意的人,他们总是对现状挑剔,根本想不到,自己一旦失去这样的生活,可能会立即意识到它的好。不得不说，生活中的大多数人都习惯性地自我否定和自我厌弃，也连带着对生活不满意，使人生陷入恶性循环之中。

其实，我们的生活真的不像自己所想象的那么差，要知道，我们必须坦然接纳自己、悦纳人生，这样才能遇到最好的自己，开拓美好的人生。

人生本就艰难，何必再彼此为难

我们都知道，身为社会中的人，我们难免要与别人打交道，也就难免与人产生摩擦和误会。此时，如果我们多体谅、包容他人，那么，彼此都能相视一笑；而如果我们"得饶人处不饶人"，那么，只能加剧彼此间的矛盾，甚至令彼此之间产生仇恨。

有人说，人生原本艰难，又何必彼此为难？的确，宽容是人类的美德，更是一种宝贵的意识。人类社会的任何组织，小至家庭，大至社会、国家，要和谐共存，就都离不开"宽容"。

古人云，冤冤相报何时了，得饶人处且饶人。这就是一种宽容，一种心胸宽大的表现。自古以来，宽容就被人们奉为一条至高的做人原则，也是中华民族传统美德的一部分。生活中的每一个人，都要时刻记住宽容是不可或缺的美德，即使与自己的对手较量，也一定要心胸宽阔，容人所不能忍，这样才能成就非凡的品质。有时候，包容他人，给别人一次机会，也就是给自己机会。

我们在与朋友交往的过程中，难免会遇上令人难以接受的事情，也难免会与人产生一些摩擦，此时，如果你凡事好争斗，非得争个是非对错，甚至得理不饶人，那么，长此以往，你的朋友必将远离你。我们不得不同时承认，很多友情就是由于无法彼此互相谅解和宽容而土崩瓦解，让人为之叹惋。而当我们以宽容的心来对待时，朋友就会被我们高贵的品质、崇高的境界以及人格力量所折服，彼此之间的友谊就会更加牢固、长久。不过，宽容说起来简单，可做起来却并不容易，因为任何宽容都是要付出代价的。

其实，不仅与朋友相处需要一颗谅解的心，即便是与你的对手较量，也不应把事做绝。俗话说"兔子急了也咬人"，你把别人逼得没有丝毫退路，对方除了奋力反击外还能有什么选择？可见，对于我们的竞争对手或敌人，倘若我们能为对方留一条退路，那么，对方必定能感受到我们的宽容，这无疑是我们种下的善因，他日，对方必定也会为我们留一条后路。

为了培养和锻炼良好的心理素质，你要勇于接受考验，即使感情无法控制，也要管住自己的大脑，忍一忍，就能抵御急躁和鲁莽，避免做出冲动的行为。因此，你需要做到：

1. 设身处地地从对方角度考虑问题，做到求同存异

宽容是一种意见的保留，就是不勉强他人。从心理学角度来说，任何一种想法的产生，都是有根源的。如果你的想法与

他人不同，那么，你应该多了解对方这种想法产生的根源，这样，你就能够设身处地地从对方的角度考虑问题了。

2. 用爱心包容别人

包容，归根结底，源于爱和理解。只有心中有爱，我们才能以同情的态度对待他人，才会充分尊重他人的立场和见解。只有爱，才能消除彼此的敌视、猜忌、误解；而爱的荒芜和消亡，将使最亲密的人彼此伤害、仇视以至兵戎相向。

3. 学会求同存异

当你与他人产生分歧时，不要显示你的嘴上功夫，甚至贬低对方，将对方说得一无是处，否则，只会恶化你们间的关系。任何人都有自己的人生观、价值观，对同一件事，不同的人自然会有不同的看法。俗话说"对事不对人"，有意见可以保留，但不能贬低他人。

总之，宽容是一种财富，拥有宽容，就拥有了一颗善良、真诚的心。这是易于拥有的一笔财富，它在时间推移中升值，会把精神转化为物质；它是一盏绿灯，帮助我们在工作中通行。选择了宽容，其实便赢得了财富。

第10章

你有怎样的梦想，就要追求怎样的生活

第10章 你有怎样的梦想，就要追求怎样的生活

先确定好方向，才能实现梦想

航行在大海上的船，看见灯塔，就不会失去方向。灯塔像船的眼睛一样，只要船想靠岸，就不能没有灯塔的指引。人的一生和在海上航行的船一样，人生目标就像是引导船前进方向的灯塔，只要目标明确，人生就不会迷茫。在心理学上，这被称为"灯塔效应"。有的人活得五彩缤纷、拥有大好前程，有的人只能一辈子都十分平庸、碌碌无为。之所以会出现如此大的差别，就是因为人们的目标不一样，其选择的生活方式也不一样，最终自然会得到各不相同的结果。

很多人感觉自己的人生非常迷茫，不知何去何从，归结原因就是没有自己的志向，也没有奋斗的目标。没有目标，也就没有前进的方向，生活就会和一盘散沙一样；没有远大的志向，人就会变得没有动力，十分懒散，只会茫然叹息，听天由命。

张亮上学时成绩优秀，一直是老师、家长眼中考名牌大学的好苗子。张亮18岁那年如愿考上了北方的一所重点大学，

毕业后顺利进入一家小有名气的杂志社，成为记者。但是，工作后的张亮并没有像大家所想的那样顺风顺水。原来，因为家人、老师的期盼，读好大学、找好工作一直是张亮前进的目标，可是参加工作后，张亮忽然失去了努力的方向，工作也一直不温不火，很快便失去了动力，每天浑浑噩噩。杂志社里的老编辑见他没什么上进心，也是颇有微词，经常在领导面前批评他。张亮觉得压力巨大，于是辞职了。

辞职后的张亮看见昔日的许多同窗都在做销售，现在生活得还不错，便找了一份销售的工作。结果，经过三个月的试用期后，他的业绩惨不忍睹。眼看着自己连吃饭都成了问题，又想到自己在这三个月里受尽了客户的白眼，他对销售工作也彻底失去了兴趣。再次辞职后，他偶遇了一位初中同学。那位同学初中毕业便开始打工，现在已经是一家星级酒店的经理。张亮又想到，为什么不去试一试酒店管理的工作呢？既轻松，又十分体面。就这样，他又花了一个月恶补了酒店管理的知识，但是，因为缺乏实践经验，他只能从最基本的服务员做起。做了不到两个月，张亮觉得没什么意思，再一次辞职了。

就这样，浑浑噩噩、没有目标的张亮，在毕业了很多年以后，依然只能混迹于普通公司的底层。

目标和指引船只的灯塔一样，可以指引人坚定地迈向成功，也是人们前进的动力。因此，想要成功，必须设立一个为之奋斗的目标，否则任何事都是空谈。

人生缺乏目标，生活必然枯燥乏味；人缺乏目标，则注定茫茫然，不知身归何处。而企业缺乏目标，则肯定走不长远。对企业而言，只有建立一个远大的目标，帮助员工描绘未来的宏伟蓝图，才能充分地调动员工的积极性，让员工感到有希望，让他们明白，自己现在之所以这么努力，都是为了今后有一个美好的未来。

1992年4月，沃尔顿为沃尔玛制订了年销售额1250亿美元的目标。这一目标在当年看起来非常夸张，然而它也在很大程度上鼓舞了员工的士气，就像一块吸铁石一样，吸引着员工不断努力，与之接近。

这一远大的目标，事实上就是老板为员工设置的"灯塔"，正是在灯塔的引导下，员工工作时不再盲目，每个人都精神抖擞，充满了斗志，共同向着这一目标努力奋斗。

2001年，沃尔玛依靠年销售额2100亿元的惊人成绩争得了世界500强企业第一名的桂冠，终于实现了沃尔顿的梦想。虽然创始人沃尔顿无法亲眼见证这个伟大的瞬间，但是，沃尔玛可以获得如此成就，也在他的意料之中。正是由于沃尔顿很多年前给沃尔玛定下的远大目标，沃尔玛才有了指路明灯，可以稳健地驰骋在商海之中。

目标能够提供给人们前进的动力。心理学家通过研究发

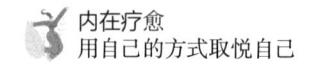

现：人们在行动时若有明确目标，其行动力就会很强，为了实现目标，人们会自觉地比以前更加努力地工作与生活。因此，目标是成功的前提，没有目标，人的一生就会迷失方向、迷失自我。

很多人之所以碌碌无为地过了一辈子，并不是因为他们一开始就没有目标，而是他们一开始给自己定的目标太模糊了。目标不够明确，跟没有目标并没有什么两样，所以他们行动起来仍旧是盲目的，最终也只能一事无成。制订目标很重要，目标的合理性更重要。如果我们制订的目标不符合我们的实际能力，或者根本只是空想，那实际上也是没用的，是徒劳无益的。我们只有把目标细化，安排到我们每一阶段的工作中，再结合我们的努力，才能实现目标。

第10章 你有怎样的梦想，就要追求怎样的生活

没有雄心的人很难取得成功

现代社会，生活节奏越来越快，工作压力越来越大，再加上复杂的人际关系，导致人们不得不生活得小心翼翼，不敢展露自己的雄心。

每个人都渴望着拥有成功的人生，殊不知，成功的人生首先起源于雄心。看看古今中外那些伟大的人和成功者吧，他们在梦想之初总是不被人们看好，甚至遭到他人的嘲笑、挖苦和讽刺，但他们却从未放弃过实现梦想的机会，而是坚定不移地朝着梦想前行。也因为他们有着强烈的雄心，所以他们在追求的过程中充满无穷的力量。无论何时，他们都不畏艰难险阻，朝着梦想勇往直前，他们最终才能够成为生活的强者，获得属于自己的成功。

就像马云所说的，即便是小虾米也应该有个鲨鱼梦。每个人的潜力都是无穷无尽的，倘若我们因为自轻自贱，对自己的梦想弃之不顾，或者根本不敢尝试，那么我们自然无法发挥自身的潜力，也无法成就自己的梦想。恰恰相反，假如我们有着远大的雄

心，即便这份雄心在他人看来也许根本不可能实现——但是只要我们愿意不遗余力，为了实现雄心坚持努力，我们的小宇宙就会爆发出无穷无尽的力量，最终成就精彩辉煌的人生。从这个意义上来说，并非是雄心让人变得坚强，而是雄心激发了人们潜在的力量，让人们的力量成倍增强。

很久以前，法国有位年轻人非常贫穷，生活一直在穷困之中挣扎。后来，这位年轻人以独到的眼光，开始从事装饰肖像画的推销工作。因为他很勤奋，也有梦想，所以凭借着自己的努力很快发家致富，不但成立了自己的公司，还拥有了巨大的财富。后来，他身患重病，在去世之前留下遗嘱："曾经，我饱受贫穷的折磨，如今却能够成为富人。为了报答世人，我愿意把自己成功的秘诀留下来。倘若谁能猜出穷人最缺什么，也就是我成功的秘诀，那么他就能够得到我赠予的一百万法郎。面对这样一位聪明睿智的人，即便我已经离开人世，也依然不会吝啬给予他我最热烈、真诚的掌声。"

在他去世之后，律师根据他的委托把这份遗嘱公之于世，人们对此热情高涨，在几天的时间里就有至少四万人给出了自己的答案。这些答案形形色色：很多人觉得穷人最缺钱，否则也就不是穷人了；还有人说穷人缺少的是发财致富的机会，也缺少贵人的提携；当然也有人说穷人缺少灵活的头脑，缺少发家致富的一技之长……律师最终在公证部门的监督下打开了富豪的保险箱，答案得以揭晓。原来，富豪认为穷人最缺少的就是雄心——成为富人的雄心。而在这四万多份答案中，只有一个女孩的答案是正确的，她也因此得到了富豪赠予的一百万法郎的奖励。

面对这个幸运的女孩，人们纷纷问她是如何想出这个答案的，女孩笑着说："我的姐姐拥有比我更好的东西时，总是警告我不要有想夺走它的雄心，所以我就认为雄心能够让人得到自己想要的东西。"女孩的答案让在场的人全都哈哈大笑，但是也使人们陷入深思。的确，雄心才能帮助人们得到自己想要的东西，这一点毋庸置疑。

因为这件事情的发生，人们陷入深思和探讨之中。最终，人们一致同意雄心才能拯救人们的命运，也是救治贫困的良药。在现实生活中，我们也因为缺少雄心，人生受到局限。倘若我们能够站得高、看得远，则一定能够让自己的思维更加开阔，也使我们的人生挣脱束缚和局限。

雄心对于人生的发展起到至关重要的作用，因此我们必须要培养自己的雄心。适当的雄心能够激发出我们的潜能，让我们更加坦然地面对人生的机遇和挑战。当然，只有雄心而缺乏行动力和决断力，也是不行的。只有把雄心和实际行动结合起来，我们才能最大限度地发挥雄心的强大力量，使它成就我们的人生。

你要有为了梦想不顾一切的决心

生活中，总有人会慨叹：其实我并不喜欢现在的生活，我有自己的梦想……谈了一大堆的计划、一大堆的梦想，可是，最后他们并没有去实践。如果问他们为何不付诸实践，他们会摇摇头说：不行啊，无奈啊，没办法啊……真的有那么无奈吗？既然无力改变又何必总是埋怨？如果埋怨、不满，又为何不去努力改变？

当你对工作、对生活产生了梦想，你是否能够大胆地去实践？还是仅仅把它作为一个遥不可及的梦想，最后只能默默地埋藏在心底，到老了才感到莫大的遗憾？

我们大多数人都与梦想渐行渐远，因为我们都认为梦想终归是梦想，于是只把它当成了遥不可及、无法实现的目标。我们有很多理由。例如，我没有足够的资金开创自己的事业；我的学历不高；竞争太激烈，做这个太冒险了；我没有时间；我的家人不支持我……实际上，没有足够的资金，没有学历，没有这个那个，其实都是缺乏意志力的人为自己找的借口。别忘了那句最常听到却最容易被忽略的话：事在人为。

其实，梦想有时只是一个痛快的决定，只要想做，并坚信自己能成功，那么你就能做成，这正是行动的作用。贝尔博士曾经说过这么一段至理名言："想着成功，看着成功，心中便有一股力量催促你迈向期望的目标，当水到渠成的时候，你就可以支配环境了。"

勇敢地尝试新事物，可以帮助我们发现新的机会，使我们迈进从未进入的领域。生命原本是充满机会的，千万别因放弃尝试而错过机会。

事实证明，如果能够跨越传统思维障碍，掌握变通的艺术，就能应对各种变化，在变化中寻找到新机会，在变化中获取新利益。在生命中，我们有时候必须要作出困难的抉择，开始更新的过程。只要我们愿意放下旧包袱，愿意学习新的技能，我们就能发挥自己的潜能，创造新的未来。我们需要的是自我改革的勇气与重塑再生的决心。

一个人不愿改变自己，往往是舍不得放弃眼前的安逸。而当发觉不改变已经不行的时候，你就已经失去了很多宝贵的机会。任何成功都源于改变自己，你只有不断地剥落自己身上守旧的缺点，才能做到敢为人先，才能抓住第一个机会，才能实现自己的进步、完善、成长和成熟。

另外，你在进行尝试时，难免会产生一种"做不到"的念头，对此，你必须要从心理上超越它，只有这样，你才能站在更高的位置上，低头俯视你的问题。

总之，现代社会，没有超人的胆识，就没有超凡的成就。不敢冒险就是最大的冒险。勇于尝试才能抓住成功的机会。胆量是使人从优秀到卓越最关键的因素。你需要勇气，需要胆量，你不是弱者，机会只留给敢于迎接它的人！

第10章 你有怎样的梦想，就要追求怎样的生活

现在的你有多努力，未来的你就有多自豪

在刘易斯·卡罗尔的作品《爱丽丝漫游奇境记》中，有这样一段猫和爱丽丝的对话，十分有趣：

爱丽丝问："请你指点我要走哪条路。"

猫问："那要看你想去哪里。"

爱丽丝回答："去哪儿无所谓。"

猫说："那么走哪条路也就无所谓了。"

这一对话寥寥数语，却耐人寻味。任何人，在心中无梦想、无目标的情况下，不仅自己不知道该怎么走前面的路，别人也无法帮助他，自己没有清晰的梦想，也就没有努力的方向。

我们在生活中也经常听到人们说，"思想有多远，就能走多远"，这句话虽然有点夸张，却道出了思想对于行动的指导作用。同样，你是谁不重要，重要的是现在你正在为成为谁而努力。只要心中有梦想，你就能找到自己的方向，就能制订出明确的目标，并为实现自己的目标而奋斗，成为你想成为的人。

梦想可以燃起一个人所有的激情和全部潜能,带领他抵达辉煌的彼岸。我们每个人,都要在年少时为自己树立一个梦想,而最重要的是,无论你拥有什么样的理想,都不要轻易舍弃它。只有坚持,只有奋力拼搏,你才能最终用自己的力量去创造自己的美好人生。

也许你现在离目标还很远,甚至被周围的人嘲笑,也许你受了很多痛苦,但无论你遇到什么,只要你内心有目标,就绝不可轻言放弃。

参考文献

[1] 连山.把生活和未来过成你想要的样子［M］.北京：中国华侨出版社，2017.

[2] 慈怀读书会.把生活过成你想要的样子［M］.北京：北京联合出版公司，2016.

[3] 汤木.你的努力，终将成就无可替代的自己［M］.南昌：百花洲文艺出版社，2015.

[4] 高珉淑.兴趣的发现：把生活过成你想要的样子［M］.程匀，译.北京：华夏出版社，2018.